湛庐 CHEERS

与最聪明的人共同进化

HERE COMES EVERYBODY

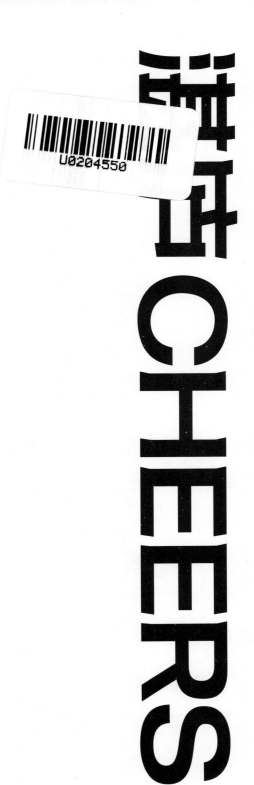

CHEERS
湛庐

声音
改造大脑

Of Sound Mind

[美]尼娜·克劳斯 Nina Kraus 著　耿馨佚 译

浙江科学技术出版社·杭州

测一测

声音如何塑造大脑?

扫码加入书架
领取阅读激励

扫码获取全部测试题及答案,
一起了解声音如何成为
脑健康的无形盟友和敌人

- 我们身边有很多常见且处于安全阈值内的背景声，比如空调运行声、汽车启动声，这些声音也会对身体造成负面影响吗?

  A. 会

  B. 不会

- 能根据孩子在 3 岁时大脑对声音的处理能力，来预测他 8 岁时的阅读能力吗?

  A. 能

  B. 否

- 50 ～ 70 岁年龄段的人，如果此前从未有过音乐训练，全新开始参与音乐活动是否会对强化大脑有帮助?

  A. 是

  B. 否

扫描左侧二维码查看本书更多测试题

献给

麦奇（Mikey）、拉塞尔（Russell）、尼克（Nick）和马歇尔（Marshall）

各方赞誉

《声音改造大脑》是美国西北大学神经科学家尼娜·克劳斯教授的重要作品。书中详细探讨了大脑如何处理声音，并揭示了声音对大脑的塑造作用。她强调，听觉处理不仅仅是声音感知，还与记忆、注意力和情感等认知功能紧密相连。

书中深入分析了声音与大脑的互动，包括音乐、语言、环境噪声等对心理健康的双重影响——既包括音乐对大脑的疗愈作用，也包括噪声对听觉神经系统的破坏性影响。通过结合实验室研究发现和现实中的应用场景，克劳斯教授通过本书向读者展示了声音对大脑可塑性、康复及语言学习的积极作用，同时警示噪声引发的认知损伤。

本书的一个特色是引用了包括来自克劳斯教授自己实验室以及其他听觉神经科学领域的多项研究工作，强调声音对认知与健康的主导作用。尽管如此，部分读者可能会认为作者在强调声音对大脑和健康的主导作用时，略微忽视了视觉或触觉等其他感官系统的影响。此外，书中对声音治愈潜力的讨论可能过于乐观，尚需更多科学证据支持。

本书的另一个特色在于通过简洁、易懂的叙述方式，成功将复杂的听觉神经科学知识转化为生动的故事与科学探讨。作者的文字通俗易懂，不仅科学性强，还具备良好的可读性。书中活泼的类比和个人故事、生动的写作风格和卡通画式的插图使得阅读过程充满趣味。

总体而言，克劳斯教授成功地将专业科学与大众叙述相结合，为理解大脑如何处理声音提供了重要的视角。本书适合对神经科学感兴趣的读者，尤其是那些希望深入了解声音对大脑功能影响的人群。

王小勤

国际著名听觉神经科学家

约翰斯·霍普金斯大学教授

清华大学脑与智能实验室主任

海伦·凯勒曾说："失明使我们与事物脱节，而失聪使我们与他人断联。"作为一名研究音乐、言语与大脑关系的学者，我深感《声音改造大脑》一书的独特价值。尼娜·克劳斯博士以风趣幽默的笔触，通过生动的叙述与严谨的科学研究，探讨了大脑如何感知并处理声音，声音如何塑造我们的感知、运动、思维及情感，以及音乐训练、双语学习和噪声如何改变大脑的结构与功能。她总是能用简明易懂的方式阐释听觉科学的核心概念，将复杂的科学知识融入日常生活。她的文字赋予学术研究温度，打破知识的壁垒，使这本书既能启发科研工作者的灵感，又为学生和大众打开通向科学的窗口。这本书无疑是科研人员、学生以及任何对声音与大脑关系感兴趣的读者不容错过的佳作。

杜忆

中国科学院心理研究所研究员

这确实是一本只有克劳斯才能写的书，但每个人都应该阅读它。这本书将改变我们对声音的思考和重视方式，无论是背景噪声还是日常声音，抑或是口语和音乐等声音。书中涵盖了人们从婴儿期到老年期与声音交互的全过程，克劳斯用自己在音乐和科学生活中的个人故事和轶事进行了精彩的叙述。

丹尼尔·列维京

美国著名神经学家

《这是你的音乐大脑》（*This Is Your Brain on Music*）作者

《声音改造大脑》是有史以来最美丽、最引人入胜、最具启发性的图书之一。这本书讲述了我们所听到的一切如何塑造了我们自己。我永远不希望这本书结束。

玛丽安娜·沃尔夫

美国认知神经学家

《普鲁斯特与乌贼》作者

即使闭上眼睛看不见，呼吸时闻不到气味，我们仍能听到声音。我们的听觉从不休息，因此我们与声音的关系复杂多变。我们的大脑通过过滤和选择，将音量调高或调低，创造富有意义和生动的记忆。这是我看过的关于声音是什么，以及声音对我们意味着什么的最好的书。

卡尔·沙芬纳

美国纽约州立大学石溪分校首位自然与人文讲席教授

尼娜·克劳斯在探索音乐和大脑方面是一位出色的沟通者。《声音改造大脑》是一本引人入胜且充满趣味性的读物。借助生动的类比和图表，这本书不仅适合那些刚开始接触音乐的人，也为音乐家和研究人员提供了很多信息。

芮妮·弗莱明

美国著名女高音歌唱家

第 65 届格莱美最佳古典独唱专辑获得者

《声音改造大脑》对听觉大脑进行了深刻而又充满诗意的科学观察，并深入叙述了进行这种科学探索的重要性。专业而生动的插图伴随着文本，使复杂的科学过程变得易于理解。尼娜·克劳斯最大的成功在于把不可见的声音变成可见的，并通过文字生动地呈现出空气的振动，提醒我们停下来倾听。

《华尔街日报》

尼娜·克劳斯在她所著的《声音改造大脑》中，以引人入胜的方式解释了我们的大脑如何构建出一个充满意义的声音世界，并开创性地向人们展示了声音的处理可以驱动大脑的许多核心功能。

《新科学家》（*New Scientist*）

这是一本内容丰富、文笔清晰的著作：克劳斯对理解声音在世界中的角色与地位充满热情，且这种热情极具感染力。她向我们展示了声音，尤其是音乐，在大脑中是如何与其他一切事物交织在一起的，它是如何造成伤害的，又是如何达到治愈的。而这些事物决定了我们是谁。我不知道还有什么书能够比得上它。

伊恩·麦吉尔克里斯特

英国著名精神病学家

这是一部令人震惊的作品。声音和节奏是宇宙的基本奥秘，而这本书将点连成了线。声音与我们的日常生活有何关联？它是如何将我们与世界相连的？我们要如何理解音乐的力量，以及为什么它会让我们脊背发凉？作为声音和声音科学的爱好者，尼娜·克劳斯提出，世界就是声音。

米基·哈特

音乐学家、感恩而死乐队鼓手

大众科学在很大程度上忽略了我们最重要的感官知觉：听觉。这是因为声音如此短暂，无处不在且看不见。神经科学家尼娜·克劳斯并没有因此感到困扰——她恰如其分地撰写了一本令人惊奇和愉悦的书，清晰地描述了振动的空气分子如何塑造我们的方方面面，从智力到情绪再到身体健康等。克劳斯摒弃了大脑中存在“听觉中心”的古老概念，她解释说，听觉区域与大脑中处理情感、记忆、思想和奖励感觉等区域相连，这些区域之间的持续反馈循环产生了语言、音乐，是我们在嘈杂环境中感知到“咸”和“甜”的原因。就在我觉得这本书不能再有趣的时候，我明白了为什么我们知道植物有听觉：它们只有在感知到最有利于传播花粉的蜜蜂蜂鸣频率时才释放花粉。如果这还不能让你相信音乐和听觉在进化中的重要性，那就没有什么能让你相信了！

约翰·科拉平托

记者兼纳博科夫学者

声音与大脑的关系

被低估的声音与听觉

无声的环境十分罕见，从字面上理解，它是指完全隔绝外部声音的环境。当我们身处这种环境中时，很快会注意到一些细微的声响，比如自己把重心从一只脚换到另一只脚时衣袂轻擦的沙沙声、轻柔的呼吸声、心跳的搏动声、转头时颈椎的嘎吱声、舌抵牙床的细微刮擦声以及肚子的咕噜声等。声音无处不在，我们躲不开，但也看不见。

听觉随时都处于“开启”状态，我们无法像闭眼一样“闭上耳朵”。不过与其他感觉相比，我们更容易忽略不重要的声音，将它们变为意识背景。我们都有过这样的经历：只有当声音突然消失后，才意识到它存在过，如冰箱突然停电了，卡车的引擎突然熄火了，或邻居忽然关掉了电视机。声音似乎无处不在，加上我们又有能力屏蔽声音，使得我们与声音的关系变得复杂起来。声音是我们主要的交流媒介，也是人类得以彼此联结的核心。拥有听觉常常被认为是理所应当的。但在面临放弃听觉还是放弃视觉的两难抉择时，大多数人会选择放弃听觉，因为人们可以想象自己在寂静中生存下去，却无法接受在黑暗中度过一生。不过，**声音和听觉的作用事实上被人低估了。**

我很早就开始对声音感兴趣了。我的母亲是位钢琴家，我是伴随音乐长大的。小时候，我最喜欢在钢琴下面玩耍，并会带着自己的玩具，在巴赫、肖邦和斯克里亚宾①的音乐背景下玩游戏。此外，我也成长于一个多语言家庭，那时我们一家经常往返于纽约和我妈妈的故乡——意大利的港口城市的里雅斯特（Trieste），两地都有我的朋友和亲人，因此我精通两种语言。这些关于音乐和语言的早期经历印刻在我的脑海里，这也是为什么多年后，当我成为一名神经科学领域的大学教授时，我最喜欢教授的课程是语言与音乐的生物学基础，这门课程是关于声音的，介绍了声音的丰富性、含义和强大的力量，以及大脑如何让声音变得有意义、如何造就了我们。

一开始，我跟随母亲学钢琴，后来开始研究大脑如何处理生活中的声音，但这条路并不是一蹴而就的。在大学时期，出于对词汇和语言的兴趣，我首先接触了比较文学并将其作为专业，后来，我又选修了一门生物学课程。大约在那个时候，我发现了埃里克·伦尼伯格（Eric Lenneberg）的一本书：《语言的生物学基础》（*Biological Foundations of Language*）[1]。在这本书中，伦尼伯格讲述了语言产生的生物学原理和进化原理。在当时，将语言学和生物学结合起来可谓别出心裁。这引起了我的注意，我意识到这个领域将大有可为，这正是我所追求的。不过，我不想把自己局限在语言研究上，我感兴趣的是一个更宽泛的主题：声音。

---

① 俄国作曲家、钢琴家，作品包括《神圣之诗》《极乐之诗》等。——编者注

我们身处于一个充满声音的世界，当我们听到词语、和弦、猫叫或呼啸声时，大脑中发生了什么呢？声音是如何改变我们的？我们对声音的过往体验是如何改变我们的听觉的呢？为了找出这些问题的答案，我投入到对声音加工的生物学原理的探索之中。

读研究生的时候，我意识到学习的同时还能赚钱。那时，我每个月的助研津贴是 200 美元，房租是 50 美元。足够了！唯一需要弄清楚的就是，如果我想研究声音加工的生物学基础，我该走哪条路。很快，我进入了一个实验室，开始研究龙猫听神经的“双音抑制”，即当两种声音同时出现时，一种声音对另一种声音的影响[2]。后来，当我激动地向母亲解释这一切时，她看着我问道：“尼娜，你到底是做什么的？”那一刻，我意识到，我无法跟母亲解释龙猫的双音抑制和她有什么关系。我为什么要研究它呢？我到底在“做什么”呢？

之后，我逐渐明白了，如果我无法向母亲解释我是如何度过那段时光的，那么时光对我而言则如同虚度。我也明白了，我从事的科学研究需要扎根于现实世界。由于我始终对声音和大脑饱含兴趣，所以我后来去了另一个实验室，开始研究兔子及其听觉皮层。我发现经过训练，即经过学习，并将声音赋予某种含义，听觉皮层的神经元会改变其放电模式[3]。如果声音不具有任何含义，大脑会以某种方式进行反应；而如果同样的声音与某件事关联起来，如“食物来了”，那么大脑的反应就会不同。**声音与大脑“携手同行”，与现实世界建立了联系，而大脑外部信号的“含义”则影响着大脑内部的信号。**这在当时算得上一个新发现，更重要的是，我可以向母亲解释清楚研究的来龙去脉了。如果母亲能理解研究的意义和价值，那么任何人都可以。因此，我打算研究对有含义的声音来说，大脑是如何改变其反应方式的以及其中的原因。

声音连接了我们与世界

从进化上而言，我们感知声音的能力是自古就有的。所有脊椎动物都有听觉。相比之下，有些脊椎动物并没有视觉能力，比如一些鼹鼠类动物、两栖动物、鱼类以及许多穴居动物。出于自我保护，动物进化出了健全的感知能力，发展出了针对捕食者或其他环境危险的预警系统。我们听到交通工具的轰鸣声会产生紧张感，很可能是因为人类祖先对雪崩或溃逃之声做出的反应在人类基因中留下了印记。

海伦·凯勒（Helen Keller）曾说："失明使我们与事物脱节，而失聪使我们与他人断联。"声音为肉眼不可见以及无法描述的事物赋予了象征意义。比如，当你的母亲在电话中听到你的声音不太对劲时，她可能会问："你怎么了？"由此可见，声音虽不可见，却可感知，并且富有意义。

既然如此，为什么是视觉在"最受欢迎的感觉"调查中名列前茅而非听觉呢[4]？例如，在约 2 000 名美国成年人参与的一项在线调查中，参与者对"对自己而言最糟糕的疾病"进行排名，结果他们将失明排在了首位，排在之后的则是失聪和其他一些相当严重的疾病或创伤，包括阿尔茨海默病、癌症和截肢。另外，为什么美国国家卫生研究院的视觉研究所比听觉研究所早成立 20 年？我认为原因之一是，我们已经忘记了"如何听"。周围持续不断的喧嚷让我们对声音变得麻木，也让我们失去了感知声音细节的能力，同时还让我们忽略了听觉并转向了视觉。原因之二是，声音也是不易被察觉的，就像重力不易被察觉一样。你还记得自己上次注意到重力是什么时候吗？正所谓"眼不见，心不烦"。原因之三是，声音是转瞬即逝的。当我们看到一辆拖拉机在玉米地里缓慢行驶，从我们视野的一边开到另一边时，它始终是原来那个巨型的金属机器，没有发生变化，它让我们的注意力沉浸其中，用视觉相关的"奖赏"吸引着我们，使我们久久伫立、悠闲观看。而声音却可以戛然而止或瞬间转变为另一种声音。一旦声音消失，它就真的消失了。

接下来，我们从声学的角度来探讨语言的最小单位。比如，英文单词 brink（边缘）虽然只有一个音节，却是由 5 个独立的音素构成的。改变其中任何一个音素，这个英文单词的含义都会发生改变，如将字母 b 改为 d，单词 brink 就变成了单词 drink（喝），含义就变了；或将导致语意丢失，如将字母 k 改为 t，单词 brink 变成了单词 brint，这是个假词，无具体含义。在连续的交谈中，我们每秒钟会听到多达 25 ～ 30 个音素，如果我们不能正确处理它们，就可能导致信息丢失。但在大多数情况下，对听觉系统来说，这种情况几乎不具有任何挑战。相比之下，当面对每秒钟改变 25 ～ 30 次的“视觉”对象时，情况就截然不同了。比如，你看到一个球，但它瞬间变成了长颈鹿，之后又变成了云朵。

通常，讲话的语速远高于学习的速度，那我们如何从中识别出语言的含义呢？其实这正是利用了听觉大脑无与伦比的运行速度和计算能力。想象一下，1 秒钟有多久？ 0.1 秒呢？ 0.01 秒呢？在 0.01 秒的时间尺度上，我们很难理解大脑的运行速度有多快。现在我们可以在小数点后再添 1 个 0，因为听神经元以 0.001 秒的时间单位进行计算。虽然光速比声速快，但在大脑中，听觉信号传输要比视觉、触觉等其他任何感觉都要迅速。

听觉大脑，影响我们的感觉、运动、思维及情感

我们不只听到了声音，还会理解声音，并与声音深度“交互”。我们拥有一个强大的听觉大脑，它影响着我们的感觉、运动、思维及情感。其实直至最近，我们才理解了这一点。

完善的听觉结构连接了耳朵和大脑，如同流水线上的装配工人一样：产品（声音）进入耳朵，从一个“站点”移动到另一个“站点”，工人则沿途拾取零部件。这种层级化的单向运作方式是描述声音加工过程的经典观点。

这种方式确实存在，但它只是对声音加工过程的粗略简化，其实忽略了整体。听觉通路并不像沙漠中的单行道，而像繁忙的市中心的高架桥，配有出入口匝道、环形桥和错综交织的道路，把诸多邻近的脑区相互连接起来。当这些通路高效运行时，便会形成一个高速运转、沟通顺畅的神奇系统。但就像城市的高速公路一样，几公里外的某个地方出现的交通事故，可能看似与我现在经历的交通拥堵之间没有明显的关联，但实质是导致塞车的罪魁祸首。

听觉通路中确实存在着等级性、分隔性和特异性，而关键在于通路中的各个部分是如何相互联系以及如何与外部沟通的。语言和音乐等能力的形成并不是依靠听觉处理中心将信息竭尽所能地从耳朵单向传递到大脑，而是赖于多个系统之间的深层交互连接，包括感觉系统、运动系统、驱动动机和奖赏系统以及控制我们如何思考的认知系统。**事实上，听觉与感觉、运动、思维及情感相关**（见图 0-1）。

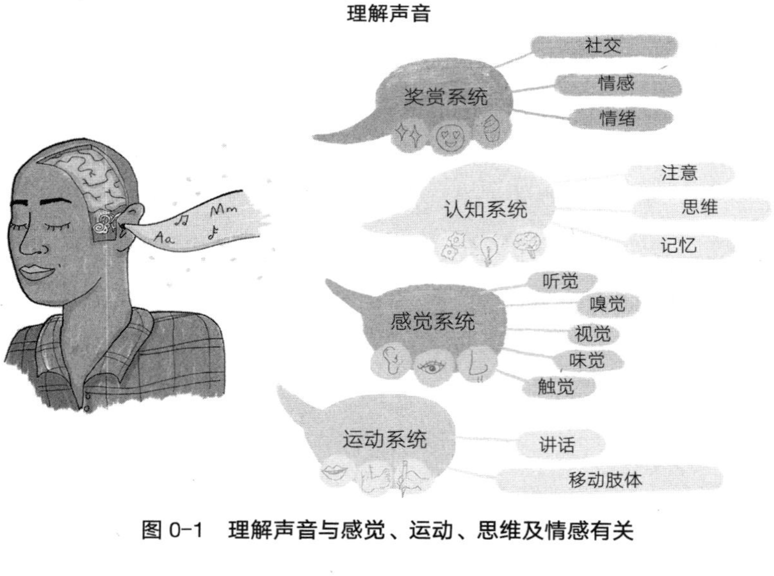

图 0-1 理解声音与感觉、运动、思维及情感有关

由于听觉和运动系统之间存在联系，因此口、舌和唇能通过运动来说话或唱歌，当我们演奏乐器时，又能使身体的各个部位紧密合作。而聆听别人讲话时，我们会下意识地移动舌头和其他发声肌肉，以便与对方“同步”。

听觉和思维也是相互联系的。我们可能有某种本能的发声方式，如当锤子砸到手时会下意识地尖叫。相对来说，即使是说最简单的句子，或演奏最基础的曲目，我们也需要依靠强大的认知功能和智力。听觉与思维过程是互相影响的，如听力受损的人患痴呆的风险也更高。再比如，如果一个人听力受损，出现了听力障碍，他看上去可能只是听不清而不是不理解话语，但事实并非如此，因为听力受损也会削弱思维能力，影响语言理解能力[5]。

讲话声和音乐声会优先进入大脑的“奖赏”系统和情感系统。如果人类在参与社会活动时无须与他人建立深厚的情感联结，那么人类可能不会进化出语言能力和音乐能力。声音帮助我们构建起了对世界的归属感以及家的感觉。

此外，听觉过程并不是孤立存在的，也不是单向的。这一观点现在已被广泛接受，但在我的职业生涯中，人们对这一观点的看法却发生过一些相对新颖的转变。**听觉系统与大脑其他区域的相互联系，极大地影响了我们加工声音的方式，是我们体验声音、理解他人以及感知自我的关键。**

经历塑造了听觉大脑

我和丈夫在空调温度的设置上经常发生分歧，因为我们各自感受到的温度是不同的。人的感觉系统不是客观地测量材质或温度等物理属性的科学仪器；相反，大脑会将组成物质世界的信号赋予某种含义，从而让我们能理解这些信号。感觉、思考、观察和行动等功能控制着我们理解声音的方式，而听觉反过来会影响我们的感觉、思考、观察和行动。

我相信，我听到“尼娜”这个词的反应与你非常不同。对于汉语这种有不同声调的语言来说，如果用不同音高和升降调来念同一个音节，会产生不同的含义。因此，讲汉语的人会比讲英语的人投入更多的大脑资源，去编码音高信息[6]。随着时间的推移，声音与大脑的协作就改变了大脑对声音的反应方式（见图 0-2）。这不禁让人想起一个现象：即便妈妈不在宝宝的视野内，妈妈的声音对宝宝来说也是至关重要的。一个名叫 Dayna 的孩子曾来过我的实验室，我注意到，她的大脑对 day 这个音节会产生极大的反应，远超过她在进行其他实验时对 doo、doh、dah 和 dee 等音节的反应。

图 0-2　大脑对声音的加工方式如何被影响

大脑对声音的加工方式受语言、音乐及大脑健康状况的影响。

突破界限

在我 5 岁的时候，邻居家的一个孩子对我说：“你得到 6 岁以后才能和我们一起玩。”听到类似这样的对话，再加上我横跨两种文化——既不完全是意大利文化，也不完全是美国文化，使得我长期以来纠结于自己的文化归属地。作为一名科学家，我到底属于哪里？其实，我一直觉得，身处多学科的交叉点而非单学科的中心，让我感到最舒适。因此，在这样的愿景下，我组建了自己的实验室——脑伏特实验室（Brainvolts）。

如果你浏览脑伏特实验室的公开信息，会发现我的实验室在音乐、脑震荡、老化、阅读和双语能力等研究领域都有所涉猎。有人可能会问：“你的实验室到底在从事什么研究？”一言以蔽之：研究大脑与声音的关系。**声音遍布生活的方方面面，并塑造着我们的大脑。**

我的丈夫把我的实验室称作我的“热狗摊”，而我的工作就是构建必要的基础设施来卖“热狗”。科学家当然要有专门的设备来开展研究，但最重要的是找到合适的人。对我来说，这个过程可能很艰辛，因为我的兴趣领域与那些大多数能获得资助的专业研究领域交集甚小。我常常感到自己又回到了 5 岁时，听到类似“我们只‘资助’6 岁的人”的话。这就是从事跨领域研究的艰辛，不过谢天谢地，我们一直在砥砺前行，维持着实验室的运营。令人欣喜的是，科学把我带入了科研学术界之外的精英圈子。这个领域的研究首先由我们实验室的成员发起，他们以独特的视角为我们的共同目标而努力着；同时，研究也仰仗于我们在教育、音乐、生物、体育、医学和工业领域中的合作伙伴，他们与我们共同耕耘，使得我们能从实验室走到实验室外的世界。正如神经学家诺姆·温伯格（Norm Weinberger）所说：“自然并不遵循人为规则。”

脑伏特实验室就像一个大脑一样，是一个各部分间相互响应的整体式的全系统网络，由独特且专门的个体（团队成员）连接在一起。自从 30 多年前实验室成立以来，我非常荣幸能与出色的团队成员一同工作，他们把自己的兴趣、见解和技能带进实验室，每个人对声音和大脑都满怀着持久的兴趣。

进入我们的声音世界

我曾把本书的初稿发给朋友和家人，以征求他们的意见。 我想知道我的文字是否容易理解，能否引起不同读者的兴趣。他们的职业各不相同，有厨师、律师、木匠、音乐家和艺术家。不久之后，我当律师的侄子问我:“这本书是关于声音的，还是关于大脑的？”我想明确地回应，二者都有，这本书既与声音有关，也与大脑如何加工声音有关，还与声音对“听觉大脑”的作用有关。

我认为**听觉大脑是一以贯之的，具有穿越过去和现在并抵达未来的力量。**我们一生中接触到的声音，塑造了我们今天的大脑；同样地，如今我们的大脑也决定着我们如何构筑未来的声音世界，不仅是我们个人的未来，还有我们的孩子和整个社会的未来。可以说，听觉大脑会驱动一个反馈循环，重要的是我们可以控制这个循环，因为我们有能力对声音做出更好或更坏的选择。即我们能否做出正确的决定，使这个反馈循环成为良性循环？还是说，我们会做出错误的决定，导致恶性循环？

作为一名生物学家，我想知道我们是如何发展出声音的个性特征，以及我们是如何通过个性特征与外界互动的。我的目标是像直接记录单个神经元的信息那样，精确地理解声音在听觉大脑中的加工过程。本书将研究大脑外部的信号（声波）和大脑内部的信号（脑电波）、丰富声音加工过程的方法和破坏加工过程的机制、音乐的治愈力和噪声对神经系统的破坏力。与此同时，本书还将讨论当我们说其他语言、有语言障碍、体验节奏感、听到鸟鸣或发生脑震荡时，我们的听觉大脑发生了什么。

声音是大脑健康的无形盟友兼敌人。接触声音的经历会刻印在我们身上。**生活中的声音塑造着我们的大脑，既有益处又有弊端；而听觉大脑反过来又会影响我们的声音世界，同样既有益处又有弊端。**我们会成为优秀的倾听者还是糟糕的倾听者呢？如果我们重视声音，会如何构建我们生活的声音世界呢？全方位地理解声音会对我们产生怎样的生理影响？又会如何帮我们为自己、为孩子、为社会做出更好的选择呢？

接下来，让我们一起进入听觉大脑的世界吧！

OF
SOUND
MIND

目录

OF SOUND MIND

第一部分

我们是如何听到声音的

第 1 章

大脑外部的声音

本章让我们先认识头脑之外的信号，即声音。

声音其实只是空气分子来回运动的结果。有意思的是，这一简单的运动机制催生了无限种声音，从巴赫的音乐到煎培根的滋滋声，从披头士乐队的《固执浣熊》（*Rocky Raccoon*）到在垃圾桶里觅食的浣熊发出的声音。有的声音响亮，有的声音柔和；有的声音高，有的声音低；有的声音和谐，有的声音不和谐；有的声音节奏快，有的声音节奏慢。此外，声音也可以是粗糙、尖利、杂乱、有韵律变化、急快或平静的。接下来，我们一起来品味声音属性的魅力，即我们探索听觉大脑时会不断提及的声音要素。

声音是一种运动。当我们拨动吉他弦时，其周围的空气会随之移动，图 1-1 展示的是一根吉他弦的不同弹拨状态。最左边是一根静止的吉他弦，此时，一些空气分子悬浮在它的右边，其周围的局部气压约为 101.35 千帕，相当于海平面的气压。拨动吉他弦后，它会瞬间向右移动，其周围的空气分子会受到挤压，局部气压增强。

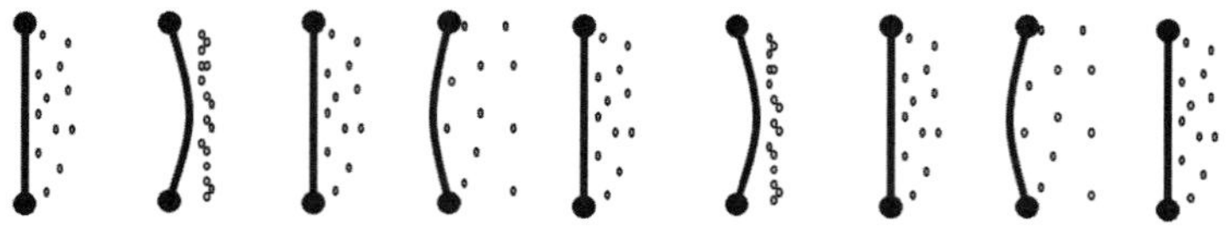
图 1-1 拨动吉他弦后，其周围的空气分子会发生移动

然后，在极短的时间（0.01 秒甚或 0.001 秒，取决于音符的音高）内，吉他弦回到初始位置，接着越过初始位置向左偏移。这时，右边的空气分子散开，气压降低。此时散开的空气分子间距略大于拨弦之前的间距，也就是说，空气分子更分散了，气压要低于拨弦之前。此后，空气分子随着吉他弦再次反弹而聚集，或向外扩散，如此循环，但每次的变化幅度都会减少一点，直到吉他弦的运动停止，空气分子的移动也随之减弱直至消失，声音消失。**这种运动过程就是声音的存在方式，而当运动停止时，声音也会消失。**

声音的 3 大要素

大多数声音都可以用一些要素来描述（见图 1-2），就像我们可以根据物体的形状、颜色、纹理和大小对其进行分类一样。因为声音是无形的，所以声音要素并不是直观的，但它们对于理解声音至关重要。在我看来，通过组成要素来辨识声音，也就是识别空气分子移动时发生的复杂变化，可以在理解大脑加工声音的过程时更有趣。我发现一种十分有效的思维框架可以更好地追踪这些神奇的声音要素，即从音高（pitch）、时值（timing）和音色（timbre）的角度来理解声音。

音高

音高，也称音调，描述的是声音频率的高低。例如，我们把长笛的声音描述为高音，而把大号的声音描述为低音。我们把听到的声音标记为高音或低音，依据的是声音的物理性质之一——频率（frequency）。如果高气压和低气压之间的波动变化非常快，也就是波动频率高，那么我们听到的声音的音高是高的；相反，如果高低气压间的波动变化较为舒缓，也就是波动频率较低，那么我们听到的声音的音高是低的（见图 1-3）。音高是一种感知，而频率则是一种可测量的物理指标。我们需要仔细区分音高和频率，因为它们并不总是完美匹配的。

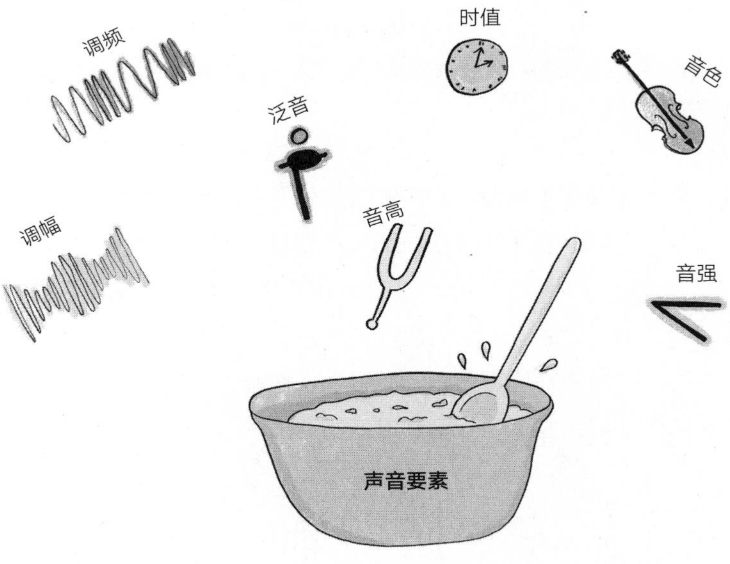

图 1-2　声音要素

变化无穷的声音源于空气流动，可以用几种要素来描述声音。

如果不把频率作为声音的一种科学度量指标，而仅作为一个词语，那么它的意思是，在一段固定的时间内，某件事发生的次数。比如，公司每个月会给你发一次工资，美国佛罗里达州的坦帕市平均每年出现 78 场雷暴，我每周会收到 22 封垃圾邮件。在 1 秒的单位时间里，某件事发生次数的单位术语是赫兹（Hz）。人耳能辨识的气压波动频率范围为 20 ～ 20 000Hz。因此，我们可以根据气压每分钟振动的次数，来区分长笛与大号的音高。高音长笛演奏的音符的频率范围为 250 ～ 2500 Hz，而低音大号演奏的音符的频率范围则为 30 ～ 380 Hz，这两种乐器演奏的音符的频率范围有部分重合。

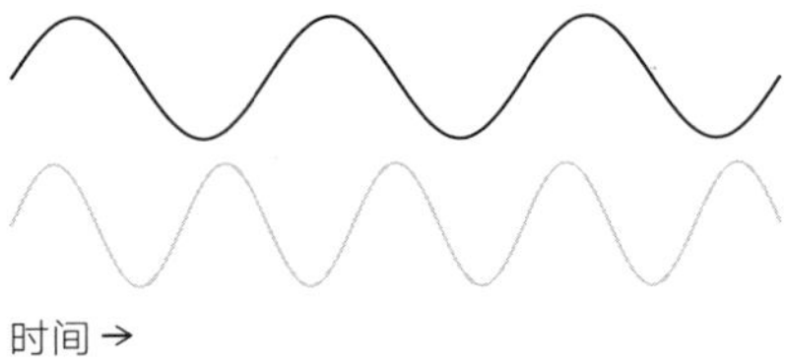

图 1-3　音高波形图

在相同的时间内，灰线表示的声音波形比黑线多几个周期，其频率更高，也意味着其音高更高。

不过，**声音的频率和我们听到的音调高低并不总是完美对应的。**如果我们可以“哼唱”出某种音高的声音，那么我们哼唱的频率即为基本频率（简称基频，fundamental frequency）。如图 1-4 所示，上下两个波形的波峰和波谷数量相同，所以表面看来它们应被称为具有相同的基频。然而，这两个波形各自以不同的速率开启和关闭，即进行了调幅处理，此时，我们听到的音高与调幅的速率相匹配，而与基频不匹配。

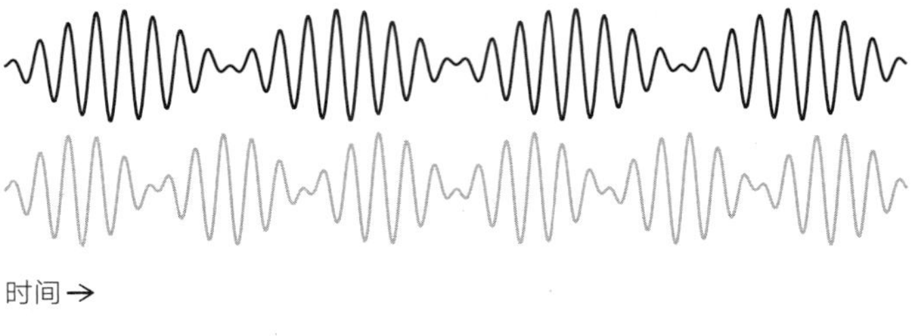

图 1-4　调制速率与音高波形

黑色波形与灰色波形频率相同，但二者的调制速率不同。也就是说，灰色波形表示的声音会以更快的速率循环开启和关闭，其音高比黑色波形表示的声音听起来更高。通常，女声的调制速率比男声快，因为女性的声带振动比男性快，因此说同样的话时，女性的音高更高。

以人类的声音为例，人类说话的音高（即基频）在50 Hz与300 Hz之间。言语的基频取决于呼吸引起的声带开闭的速度。通常，男性声带的开闭速度比女性慢，因此声音低沉；儿童声带的开闭速度最快，因此音调高。有趣的是，音高的差异不仅体现在个体和性别上，也体现在其他一些令人意想不到的方面。一般来说，使用不同语言的人群之间[1]以及使用同一语言的不同人群之间[2]，均存在基频差异。例如，我们在他人身上或自己身上常常能感觉到，讲一种语言时的音高往往比讲另一种语言时要高[3]。

音色

在音乐中，当两种不同的乐器演奏相同的音符时，主要通过音色对这二者进行区分。在语言中，音色是区分不同语音（辅音和元音）的主要线索。当一位男士与一位女士说同样的一句话时，我们可以根据基频来区分二者。而当一位女士说出了两个不同的英文单词时，如 so（所以）和 sue（诉讼），我们可以根据音色来区分这两个英文单词。**正如基频是感知音高的基本物理量，谐波，也称泛音，则是感知音色的基本物理量。**谐波的频率要高于基频。

了解给定声音的频率组成是非常有用的，这也是声音的频谱（spectrum）。音叉的频谱里有且只有一种频率，所以它的频谱图是一条细长、垂直的线，如图 1-5 中的上图所示。音叉的频谱没有谐波，只有基频。当我们换成另一种自然的声音，如由长号或单簧管演奏的中央 C，其在中央 C 的基频（262 Hz）上有一个峰值，而在基频的整倍数频率（524 Hz、786 Hz……）上也有峰值。这些波就是谐波。从图 1-5 中的中图、下图可以看出，并不是所有谐波的能量都相等。长号和单簧管都有各自特殊的能量分布频谱，这也是我们能听出它们之间差别的原因。**独特的谐波信号是由发声乐器的形状和结构决定的。**类似地，如果我们口、舌、鼻的形状和位置发生改变，就会产生不同的谐波模式，以区分不同的语音。

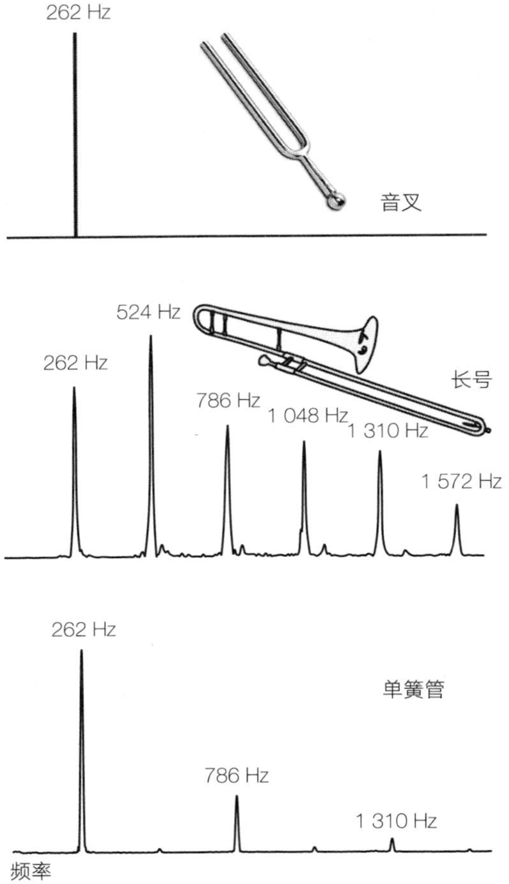

图 1-5　音叉、长号和单簧管的谐波模式对比

音叉的频谱是一条表示单个频率的垂直线，上图所示的是 262 Hz，也就是中央 C。用乐器演奏中央 C 时，频谱会在 262Hz 产生一个峰值，同时在 262 Hz 整倍数频率上出现谐波。长号和单簧管演奏中央 C 时，由于两种乐器的共振特性不同，因此会产生不同的谐波模式。我们通过声音的频谱可以了解，为什么不同的乐器演奏相同的中央 C 时，听起来会不同。

我们可以通过改变唇、舌的位置和穿过口、鼻的空气量，来改变声音的频谱，使谐波得到加强。如图 1-6 所示，声音的基频是 100 Hz，也就是说，这两个元音的频谱每间隔 100 Hz 就会产生一个峰值，不过，灰线表示的峰值大小不同。此图表示的是对长号的声音和单簧管的声音的语音模拟。对于元音“ee”，灰线在 300 Hz 和 2 300 Hz 上各出现了一个波峰；而对于元音“oo”，波峰大约分别出现在 400 Hz 和 1 000 Hz 上。语音的频谱在某些频率上会出现波峰，这其实是频谱能量集中的区域（称为“共振峰”）。有趣的是，在不同人群中，这些声音能量的频谱分布是相似的。比如，音高高的人与音高低的人在发元音“oo”的时候，其语音频谱分别在约 400 Hz 和 1 000 Hz 上会出现峰值。

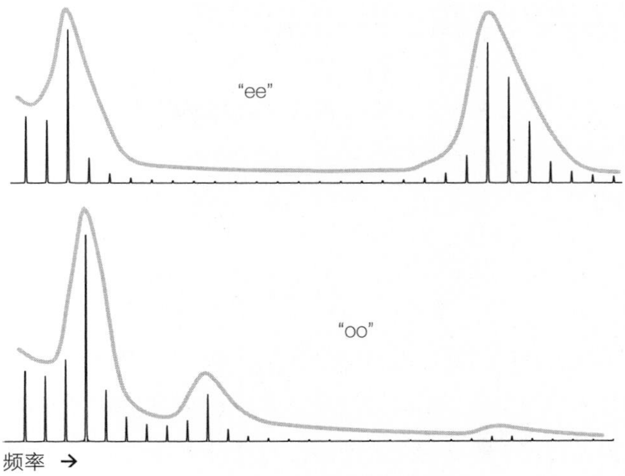

图 1-6　声音能量的频谱分布

上图、下图分别为英文单词 beet 中“ee”的频谱与 boot 中“oo”的频谱。这两个音节具有相同的基频，但谐波能量集中的位置不同。

因此，音色是对声音中谐波成分的感知。谐波在频谱中的位置以及彼此之间的关联是声音的物理特征，它能帮助我们通过音色特征区分两种乐器或两种语音间的差异。对于语音，特定单词或音阶的频谱会呈现出特有的谐波组合形式。图 1-7 展示的是几种乐器或声音的全频范围（包括基频和谐波频率）。

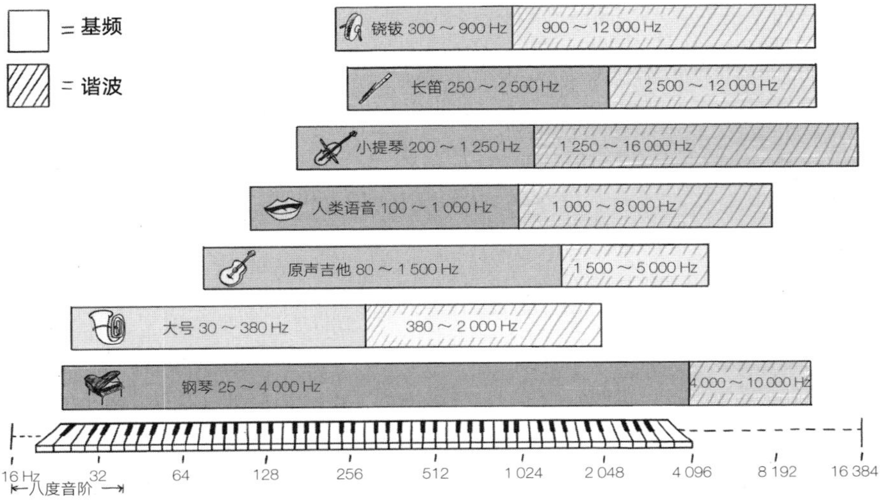

图 1-7　几种乐器或声音的全频范围

左边为基频范围，右边为谐波范围。

时值

到目前为止，我们讨论的基本都是音叉、单个音符和元音，它们产生的声音在一段时间内是稳定的。而时值作为某类声音信号的基本特征，指的不是音节或音符那种人为定义的声音开始和停止的时间特征，而是指**声音本身随着时间何时以及如何产生变化。**比如对某些辅音来说，时值的信息是最重要的。

当我们大声读出“bill”和“gill”这两个英文单词时，你能发现自己的唇舌动作有什么差异吗？很容易就能发现吧：读 bill 时，嘴唇开始是闭合的，而舌头处于口腔中间；读 gill 时，嘴唇是微微张开的，舌头后部则抵住上颚。那么读单词 bill 和 pill 时，又会有什么不同呢？这个问题就比较复杂了。发辅音字母 b 和 p 的音时，很难从唇舌动作上看出来差别。这时，舌头和嘴唇的位置几乎完全相同，主要差异体现在时间上，也就是声带开始发出元音字母 i 的时间。读单词 bill 时，你是在发出辅音 b 的音之后马上发元音 i 的音；而读单词 pill 时，你的嘴唇分开后，会间隔一小会儿，才开始发元音 i 的音。如图 1-8 所示，上面的波形是读单词 bill 的声波；在下面的波形中，则多出了一段 0.05 秒的停顿（左边空白）；除此之外，两个波形的每个波动都是相同的。实际上，发元音“i”之前出现的小停顿，足以让第二个音听起来像单词 pill 的发音。短短不足一秒的时间，在语言上就会表现出很大的不同。这就是我们需要一个超速运算的听觉大脑来加工声音中如此微小变化的原因之一。

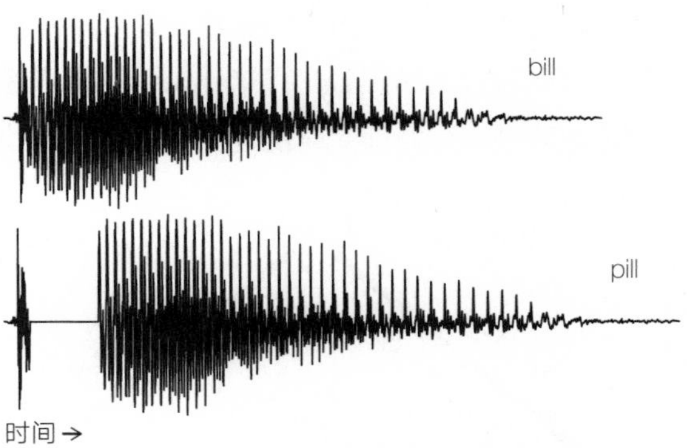

图 1-8　时值不同带来的语音差异

读单词 bill 时在发元音 i 之前增加 0.05 秒的停顿，就使读音变成了单词 pill 的音。

查看频率随时间产生的变化

我们从图 1-8 所示的波形图中可以很容易地看出，读单词 bill 和读单词 pill 时，二者在“时值”上的差异；在图 1-6 的频谱图中，我们可以很容易地看出元音“ee”和“oo”的音节在“频率”上的差异。然而，这两幅图都无法有效地区分辅音字母 b 和 g 的发音，因为要区分它们，需要弄清楚频率随时间的推移而出现的变化。为了更好地描述辅音字母 b 和 g 的发音的差异，我们需要另一种图：声谱图。

图 1-9 中上图显示的是，随着时间的推移，一个从低频变为高频，然后再变回低频的音高，很像典型的狼哨声。我们可以将此想象为汽笛或手指划过钢琴键弹奏出的声音的音高变化过程。

由于声波能量频带的扫频方式不同，因此 ba 和 ga 两个音节在辅音上会有区别（见图 1-9 的下图）。ba 和 ga 这两个音节的上频带走势是相同的，都有一段随时间推移从低频移动到高频的谐波频带，在发元音字母 a 的音时，频带走势变平了。然而，这两个音节的下频带走势是不同的：ba 的下频带是从低频移动到高频，随后变平；而 ga 的下频带在开始时处于高频位置，继而向低频移动。术语“调频扫频”（FM sweep）是声音的一个重要组成要素，它指的就是这种频率随时间变化的现象。

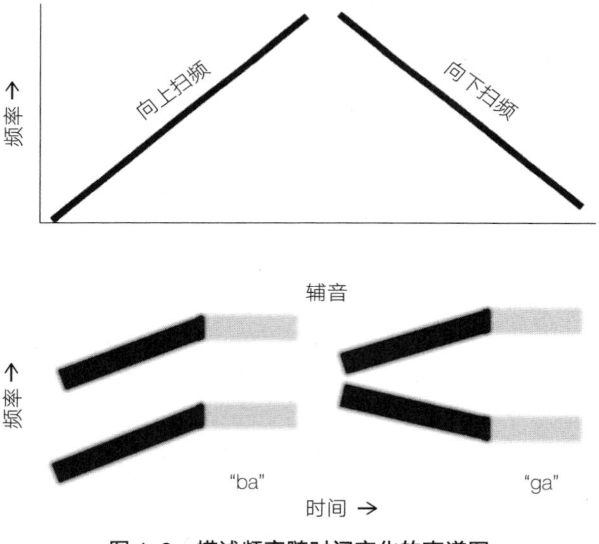

图 1-9 描述频率随时间变化的声谱图

上图表示先向上，再向下扫频。下图是音节 ba 和 ga 的声谱图。这两个音节的声波能量频带的频率随时间发生变化，直到发出元音字母 a 的音后稳定下来。

所以，对于 b 和 p 以及 b 和 g 这两对辅音来说，时值是将彼此区分开来的关键要素。在音节 ba/pa 中，时值是区分二者的充分必要条件；在音节 ba/ga 中，时间和频率的相互作用是导致二者产生差异的原因。我们可以放慢速度来检测声音，捕捉并分离使声音产生差异的要素。但在现实中，由于这一切发生得太快了，因此我们意识不到究竟是什么造成了这些差异。想想看：在这之前，你知道 ba 和 ga 在哪些声音要素上有区别吗？你知道需要通过几次快速扫频可以把 muddy dog（泥巴狗）变成 muggy bog（泥巴潭）吗？事实上，我们仅靠听力是无法得知某个频谱的能量是像音节 ba 的发音那样上升，还是像 ga 的发音一样下降的。由于存在这种急速而微妙的变化，我们在感知辅音时容易受到干扰，因此，我们需要使用一些音标字母来进行辅助，如 alpha、bravo、charlie、delta……接下来，我们会介绍，这些复杂而微妙的差异以及一些难以甄别的过程会对语言甚至阅读产生怎样有趣的影响。

上文我们一直聚焦于讨论语音中的时值要素。其实这并非偶然。事实上，语音的速度比包括音乐在内的其他声音要快得多。比如，快板的节奏是 120 ～ 170 拍 / 分钟（单位：bpm）。为了方便计算，我们设定一段以 150 拍 / 分钟的速度演奏的快板音乐。这相当于每秒两拍半的节奏，也就是每秒一个四分音符。所以，每个四分音符的持续时间是 400 毫秒，每个八分音符是 200 毫秒，每个十六分音符是 100 毫秒。而《野蜂飞舞》（*The Flight of the Bumblebee*）的演奏速度则更快。通常我们需要 100 毫秒才能区分出两个音符，而里姆斯基 - 科萨科夫（Rimsky-Korsakov）正是利用了这一原理，使主旋律的每个十六分音符按 80 ～ 85 毫秒的速度演奏，从而产生了类似蜜蜂嗡鸣的声音。而语音则是一种与蜜蜂不同的动物产生的声音。人类语音中的辅音通常都可以达到这种速度，甚至更快——发一个辅音用时仅需 20 ～ 40 毫秒。我们几乎还可以无限制地用辅音制造密密匝匝的语音。所幸《野蜂飞舞》这首曲子并不长，让任何演奏这首曲子的音乐家都松了口气。

更多声音特征

音强

音强是气压变化幅度的一种度量指标，又称响度。比如，图 1-1 中吉他弦使多少空气分子移动了，图 1-3 中吉他弦产生的波就有多高。通常，微小的气压绝对变化量便可以产生声音，但从最安静的声音到最响亮的声音，气压变化范围却是巨大的，如物理气压差可达 10 万亿倍的跨度！为了用合适的数字描述响度，我们将气压变化的量值进行对数转换，得到了音强单位——分贝（dB）。这样一来，10 亿倍的跨度就可以用 0 分贝（最灵敏的麦克风的收音阈值）到 140 分贝（人能容忍的最大音强）之间的数值来表示。

调幅和调频

调幅和调频对听觉场景来说是非常重要的，尤其是对语音来说。调幅是一种音强（振幅）的波动：强—弱—强—弱。许多汽车的警笛声就是这种节奏。当我们讲话时，声带的开闭振动会对语音的基频产生调幅作用。图 1-4 显示的是调幅的基本形式，图中相同的信号被人用两种不同的速率进行了调幅处理。

调频反映的是频率随时间的变化。当语音从辅音到元音来回变化时，对应声音能量的峰值频带会进行上下扫频，这就是调频（调频扫频见图 1-9）。

相位

另一个值得一提的声音要素是相位。在图 1-1 中，我们粗略地展示了吉他弦右侧空气分子所受的压强，而吉他弦左侧的空气分子并没有展示出来。实际上，当吉他弦右侧的空气分子被挤压时，其左侧的空气分子会散开；反之亦然。任何时候拨动吉他弦，都会同时挤压或疏散其附近的空气分子。假如让两个人分别坐在吉他的两边，就信号和气压而言，两人各自听到的音乐具有 180 度的相位差，即他们听到的声音波形图是首尾颠倒的。另外，根据人所处的位置不同，吉他声到达人的耳朵的时间或相位也不尽相同。**这种相位差对声音定位来说十分关键，而且，在有回声且嘈杂的空间中，相位的增减对声音的区分也起着至关重要的作用。**

滤波是指选择性地减弱或增强声音信号中的某些频率。事实上，我们每天都会接触到 100 万次滤波，有的是有意识的，有的是无意识的。播放我们最喜爱的歌曲时，无论在家里还是在车里，无论用的是家庭立体音箱还是计算机扬声器、耳机或手机扬声器，它们听起来都有所不同。每种声音播放系统都有各自的滤波效果，可能是由声学工程师精心设计的滤波器产生的，也可能只是在声音大小、生产成本或其他因素上互相权衡而产生的非预期结果。当我们从街上走进一家咖啡馆时，我们与朋友的谈话声听起来会不一样。有的人之所以喜欢在浴室里唱歌，是因为浴室的墙壁、地板和浴缸的坚硬表面能产生特殊的滤波效果。同样的道理，哥特式教堂依靠表面塑形过的石头能产生多种高频反射，为其空间中的音乐和语音赋予了独特的声学特性。此外，你也可以在进出不同房间时，听一听自己的手机扬声器的声音，你会发现滤波效果是不同的。抛开外部环境的滤波效应，其实我们用嘴巴、舌头和嘴唇就可以制造出滤波效果，以达到传递信息的目的。

大脑外部与内部的信号成分

大脑会用头脑内部的信号（神经脉冲放电）来解析外部的信号（声音）。

所有的科学家在做研究时都会选择某种方法来收集相关信息，有的使用调查问卷，有的使用基因表达，还有的使用血液生物标记物，而我选择使用的是信号。我发现，无论是头脑外部的信号还是头脑内部的信号，都是可靠的，因为这些信号具体且明确，在某些方面，它们比转瞬即逝的声音本身更可靠。我们可以放心地对它们进行测量，并用公认有效的方法来描绘和分析它们。我还惊奇地发现，头脑外部的信号与头脑内部的信号之间存在惊人的相似之处。这太美妙了，简直就是奇迹！因此，我开始研究音乐训练对大脑的影响、保持节奏感在培养读写能力中的作用以及脑震荡是如何影响声音加工的，等等。信号引导我开拓思路，发掘真相。

为什么世界上每个人听到的声音会存在差异？当听觉大脑与我们的感觉、思维、情感和行为方式交织在一起时，我们对声音的体验是如何发生改变的？要理解这些问题，关键在于弄明白声音要素。

作为一名神经科学家，我能将这种声音要素运用到研究声音以及大脑加工声音的过程中。我可以单独地研究音高、时值和音色的处理过程，也可以把它们视为一个整体来研究，从而弄清楚，对专业听音者和患有听觉障碍的人来说，哪些要素是正常的，哪些要素出了问题。**在加工声音和感知声音方面，声音要素是可分离的。**例如，有些人在区分音高上存在障碍，但在区分音色上却没有问题，有些人则相反。此外，也有一些人只在处理时值上存在障碍。虽然音乐家和双语者都算得上倾听专家，但他们在声音信号处理上有何种超凡技能，取决于他们处理哪种声音要素。

接下来，我们将探讨：当吉他弦产生的声音进入耳道时，即当头脑外部的声波激荡起脑电波时，会发生什么。

第 2 章

大脑内部的声音

外部与内部的要素

在人类漫长的进化过程中，由于自然选择，我们的耳朵可以探测到空气分子的微小运动引起的气压变化。为此，我们进化出一系列生理结构，并通过几个有趣的步骤，将拨动吉他弦或讲话引起的空气运动转化为由音高、音色和时值等要素构成的声音，我们分别称之为吉他声或语音。

这是一个转导的过程。转导是指从一种状态转变到另一种状态，由于神经系统里“流动”的是电信号，因此，**如果想要理解声音并对其进行处理，就需要一种将空气运动转导为脑电信号的方法。**那该怎么做呢？从耳朵开始，经过骨骼的物理运动、体液的扰动和化学递质的释放等一系列精巧步骤，将信号传递到大脑，再由大脑进一步对耳朵生成的电脉冲进行加工，这样，听觉大脑就能充分地利用大脑之外的声音了。

我们可以把大脑加工声音的过程想象成一台混音器的工作过程，就像录音棚里的音响师可以通过上下滑动混音器的衰减器来平衡吉他声和人声一样，**大脑也会选择性地增强某些声音要素，同时弱化其他要素**（见图 2-1）。

图 2-1　听觉大脑加工声音要素的图示

一旦转导完成，我们就可以自如地加工电信号，然后描绘声音的时域波形、频谱、声谱图，对电信号进行可视化加工。与头脑外部的信号一样，头脑内部的信号也具有相同的要素，如频率、时值和谐波，而处理信号就像拨动混音器上的刻度盘或衰减器一样。由于自身经验、专业知识以及感官损伤或退化程度不同，每个大脑的“调音设备”都不同，也就是说，每个听觉大脑都是独一无二的。

溯流而上，顺流而下，声音在大脑中往复穿梭

听觉大脑深邃而广阔。**当我们聆听声音时，电信号会在大脑中往复穿梭，溯流而上，又顺流而下，并与其他感官进行互动，这个过程涉及运动、**

思考以及感受。通过整个大脑网络，我们得以理解声音，并从声音世界中创造出意义（见图 2-2）。

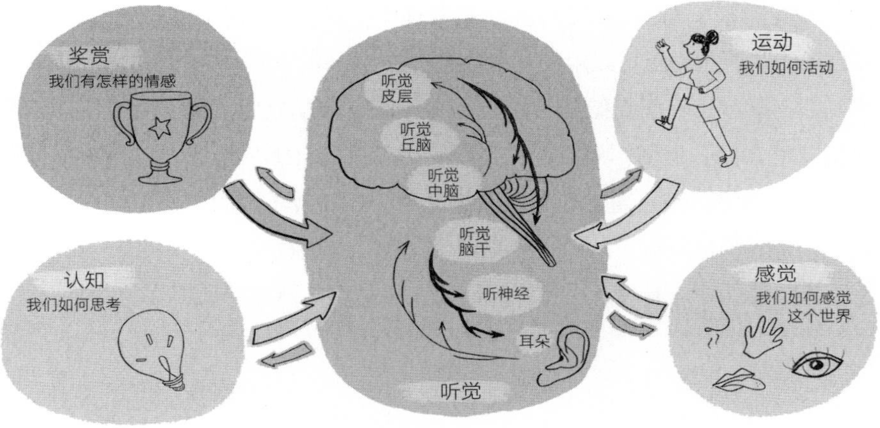

图 2-2　听觉通路示意图

在自身结构和负责感觉、思维、情感和行动的大脑区域之间，听觉通路存在双向连接。

传出（efferent）和传入（afferent）是描述移动方向的两个词，分别表示“远离”和“靠近”。那么，“远离”或“靠近”的是什么呢？对于血液循环来说，答案是心脏。我们把从心脏向外输送血液的血管称为传出血管，而把那些将血液输送回心脏的血管称为传入血管。淋巴系统中则有传入淋巴管和传出淋巴管，分别将淋巴液带入或带离淋巴结。

在神经科学领域，大脑则是传入神经与传出神经的节点。比如，传入神经系统将信息从耳朵传递到大脑，传出神经系统则将信息从大脑传回耳朵——这成了我们学习的基石，我们因此得以构筑声学现实，并成就声学自我。

溯流而上，传入系统

接下来，我们将着重讲解电信号从耳朵到大脑溯流而上的过程。在网上搜索“听觉通路”，你会发现，大部分经典观点主要强调的是听觉层级，如图 2-3 左图所示，听觉通路可以用从耳朵到大脑的上行单向箭头和框图表示。这并没有问题，事实上，听觉脑干位于听神经和听觉中脑之间，而丘脑位于中脑和大脑皮层之间。但图中展示的只是部分内容，而非事实全部。实际上，信息是双向流动的，而且通常不会分层级流动。虽然我不赞同听觉系统分层级的观点，但我仍然承认，从总体上来说，这种“单向模型”确实占有一席之地。接下来，我们将沿着传入系统溯流而上，了解相关器官或结构。

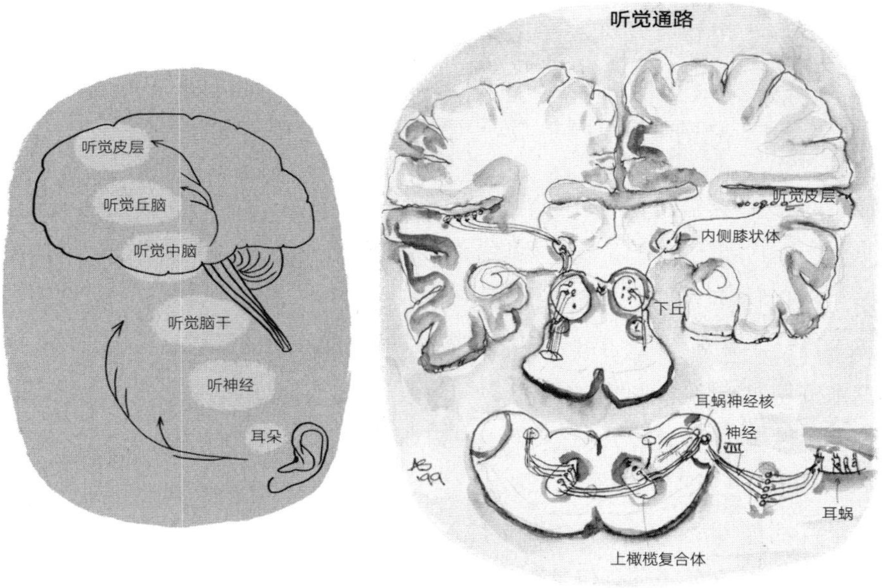

图 2-3 大脑听觉通路示意图

大脑中的听觉通路与左图相对应。右图的水彩画由医学博士阿诺德·斯塔尔（Arnold Starr）完成。照片则由汤姆·兰姆（Tom Lamb）拍摄。斯塔尔博士是应用大脑对声音的反应来评估神经健康的先驱。

耳朵

外耳　外耳就是我们所能看到的耳朵的部分，包括将声音输送到中耳的耳道。

中耳　由空气运动引起的压强波动，即声音，经过耳廓和耳道进入耳朵，会“敲击”耳膜。耳膜也称为鼓膜。“鼓”这个字准确地描述了鼓膜的作用：中耳门槛。就像真正的鼓面或鼓皮一样，鼓膜也是一种膜，受到声波“敲击”时，会延展。当鼓膜振动时，它会带动人体中最小的骨头——听小骨，产生振动。听小骨由三块骨头组成，第一块是锤骨，第二块是砧骨，最后一块是镫骨。之后，镫骨会撞击另一个鼓状解剖结构——前庭窗，声音由此进入内耳。为什么我们需要听小骨两端的两个“鼓”呢？因为前庭窗的另一侧是液体，密度太大，单凭空气本身的运动不足以直接“推动”前庭窗。而三块听小骨连接起来就像杠杆一样，能将空气运动的力量放大约20倍[①]。鼓膜上的轻微敲击经过三块听小骨的放大，会变成强烈的敲击，足以叩动前庭窗。需要注意的是，这仍然属于机械运动，此时声音已经从流动的空气转变为流动的液体，而最重要的电信号转导仍未出现。

内耳（耳蜗）　镫骨在足够大的压力下“移动”了前庭窗，进而带动了前庭窗另一侧的液体移动。这种液体会“嗖”地一下流过长有毛细胞的科蒂器（听觉感受器）。科蒂器长长的螺旋状结构像蜗牛壳一样绕成圈。如图 2-4 所示，整个耳蜗布满了毛细胞，这里就是“转导魔法”发生的场所。毛细胞的排列规则为：内圈一排，外圈三排。每个毛细胞的顶部都有一束细小的纤毛，在液

① 中耳运用了两种机械工程原理来放大鼓膜和前庭窗之间的压力。第一种是杠杆原理：三块听小骨构成一个跷跷板，其支点靠近前庭窗的一端。因此，鼓膜上的一点压力经过转化，到了前庭窗，就会变成较大的压力，就像只要有合适的支点，小孩用跷跷板也能把成年人跷起来。第二种与压强和受力面积有关：鼓膜和前庭窗的大小不同，后者要小得多，而压强等于力除以面积（$p = F/A$）。当鼓膜和前庭窗之间的力相同时，由于前庭窗面积小，因此其压强大。

体中轻轻摆动。毛细胞夹在基底膜和盖膜之间：毛细胞扎根于基底膜，这样，纤毛就不会四处漂浮；毛细胞的尖端则固定在盖膜上。当前庭窗附近的液体发生振动后，一些毛细胞会上下跳动，导致纤毛牵拉盖膜。这种牵引运动会“打开”基底膜上的毛细胞，使带电的化学递质，尤其是钙离子和钾离子“冲入”毛细胞。这些化学递质会引发连锁反应，最终导致神经递质释放到突触（毛细胞和听神经的连接点）上，听神经的电压也随之发生突然的变化。这样，声音转导完成了，**头脑外部波动的空气被转导为头脑内部的电信号。**

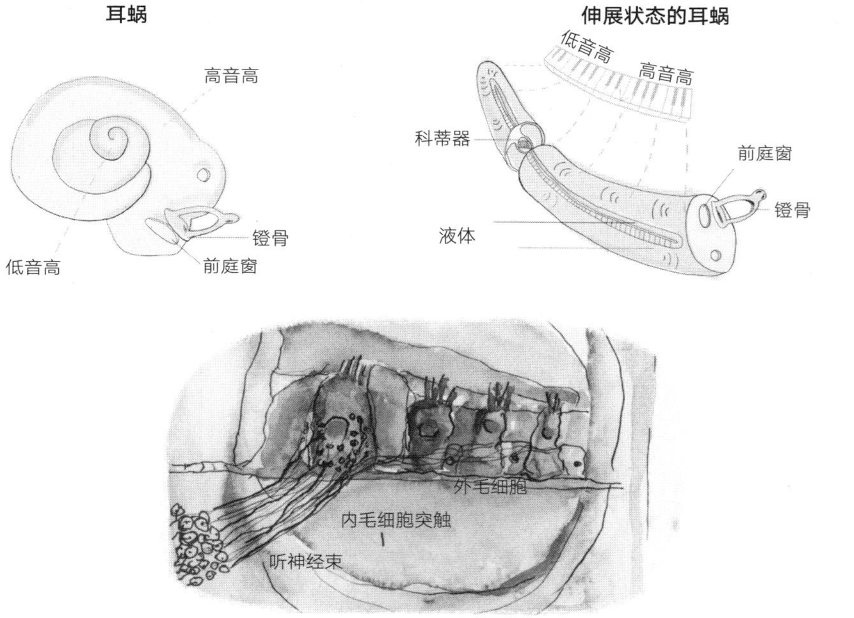

图 2-4 内耳示意图

盘绕状态（上图左）和伸展状态（上图右）的耳蜗如图所示。耳蜗的底部，也就是镫骨与前庭窗的交界处，可以传递高频声音；而盘绕的耳蜗顶端，也就是其中心位置，则更适合传递低频声音——在处于伸展状态的耳蜗图（上图右）中，我们用琴键对此进行了解释性的标注。科蒂器如下图所示，图中展示了一个内毛细胞和三个外毛细胞（夹在基底膜和盖膜之间）及其与听神经的连接。

资料来源：经阿诺德·斯塔尔许可转载，由汤姆·兰姆绘制。

并不是每种声音都会引起耳蜗内的毛细胞（约 3 万个）无差别地摆动。毛细胞所在的基底膜既没有一致的宽度，也没有均匀的硬度。基底膜最靠近前庭窗的一端最薄、最硬，而从底端向顶端延伸的过程中，其整体上会变厚、变软，像马尾辫一样。这种生理差异使得位于窄而硬一端的毛细胞能被最高频率（音高）的声音激活，随着声音的频率越来越低，越接近宽而软一端的毛细胞越容易被激活。这种系统性排列被称为音调定位拓扑图（tonotopy）。耳蜗里存在着这样一种声音频率的拓扑图，就像长了一个小小的钢琴键盘；而从耳蜗到大脑皮层的整个听觉系统中，也存在着这种拓扑图。**大脑功能的拓扑图是统合感觉的基本组织形式。**

听觉系统

大脑是我们听闻世界的媒介。关于这一点，我最喜欢罗宾・华莱士（Robin Wallace）在《聆听贝多芬》（*Hearing Beethoven*）一书中的描述[1]。贝多芬在丧失听力后是如何创作出诸多杰作的呢？答案是，一如既往地做如下事情：

> 他兴之所至，即兴勾勒，再雕章琢句。他的创作方式在失聪前后并没有明显的改变，他只是在不断地“打磨”自己与钢琴的关系。与其把贝多芬想象成一只没有翅膀的鸟或一条离开水的鱼，不如把他想象成一名安全地驾驶着飞机、翱翔天际的飞行员，他凭借的不是导航设备，而是对驾驶飞机的心领神会。

当外耳、中耳和内耳完成了各自的工作以后，在我们最终理解声音之前，“听觉”还有很长的路要走，在这段旅程中，要经过听觉通路上的许多小“站点”。

“大脑”一词通常指的是大脑皮层，也就是分布着深深的脑沟和脑回的左右球壳。除了大脑皮层，我们同样需要关注大脑皮层之下那些不为人熟知的区域。在听神经和大脑皮层之间有耳蜗神经核、上橄榄复合体（位于脑干）、下丘（位于中脑）和内侧膝状体（位于丘脑），耳朵转导的电信号会依次经过这些结构。相比其他感觉过程来说，听觉过程会涉及更多皮层下结构。

接下来，我们一同来了解听神经到听觉皮层的“旅程”。声音的加工形式在穿越听觉大脑的过程中会不断地发生转变。脑伏特实验室的前成员詹娜·坎宁安（Jenna Cunningham）通过同时记录中脑、丘脑和大脑皮层的神经元活动，展示了听觉通路上不同的神经反应。她的实验清楚地表明，不同结构对同一声音的反应是不同的[2]。

听神经 听神经是一束纤维。每只耳朵约有 3 万根听神经纤维，根据它们与耳蜗基膜上的接触位置，可以调谐到特定频率。音调定位拓扑图首先出现在耳蜗中，然后出现在听神经中，声音频率会根据神经元所在的位置进行编码，当声音向大脑传送时，音调定位拓扑图也会随之扩展。

声音从耳朵向大脑传送时，还有另一项组织原则：**随着向大脑皮层攀升，神经元放电活动所受的速度限制会逐渐降低**[①]。也就是说，**从耳朵到大脑皮层，特定神经元与声音同步的速度是递减的，同步速度在听神经纤维中最快。**

听神经元 声音在耳蜗和听神经的交界处完成电信号转导并“踏上”通

① 神经元放电与声音的每个周期是锁相（phaselocking）的，这是大脑追踪声音频率成分的一种方式。声音的频率越高，完成一个周期的速度就越快。因此，随着声音频率的增加，神经元必须以越来越快的速度放电。

往听觉皮层的道路后，遇到的第一个结构是耳蜗神经核。耳蜗神经核有多种类型的细胞，如丛状细胞、侧轮状细胞、章鱼体细胞等[3]，同时这些细胞有不同的功能反应特性[4]（见图 2-5[5]）。

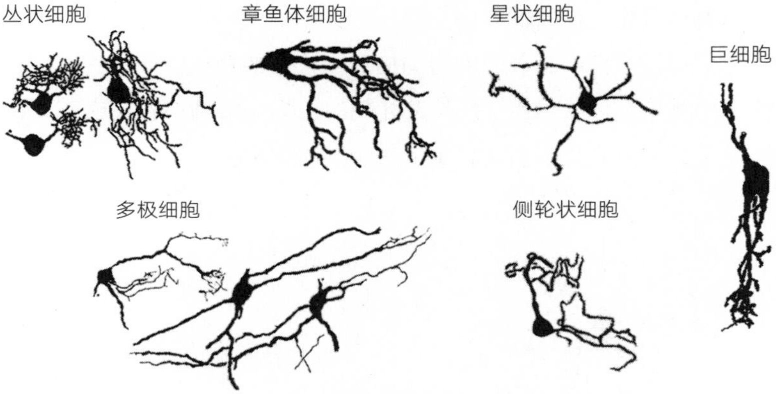

图 2-5 耳蜗神经核中的一些细胞类型

资料来源：Springer Nature，*The Mammalian Auditory Pathway: Neuroanatomy*。

沿着耳朵到大脑的通路上行时，由于抑制（inhibition）作用的存在，神经元对声音的反应会变得越来越精确。在没有声音的情况下，神经元并非完全不活动，而是会自发放电。神经元对声音的反应包括兴奋（高于自发放电率）和抑制（低于自发放电率）两种模式：接收到某个特定频率的声音以后，调谐在该频率上的神经元的放电率会升高，超过自发放电率；与此同时，调谐在其周围频率的神经元的放电率会降低，低于自发放电率。抑制作用有助于某些声音要素“脱颖而出”，从而提升精确度和调谐效果。

耳蜗神经核的一个作用是进行调幅[6]。耳蜗神经核的细胞是针对特定调幅频率的，而声音的音高正是由调幅频率决定的。当我们说话时，在声带开合振动的作用下，声音会产生调幅效果。

耳蜗神经核完成这一系列工作后，神经脉冲会继续行进并传递到下一个结构。这次传递的时间比之前更长，因为在这一阶段，单只耳朵发出的神经电流会流向双侧大脑。

上橄榄复合体 在精确计时方面，听觉系统的确很出色，使得视觉系统相形见绌。对于声音中微秒级的时间信息，大脑需要以微秒级的精度进行接收。而上橄榄复合体（见图 2-6）是处理时值的大本营，它负责双耳声音加工、声音定位，以及从听觉场景中挑选大脑感兴趣的声音。

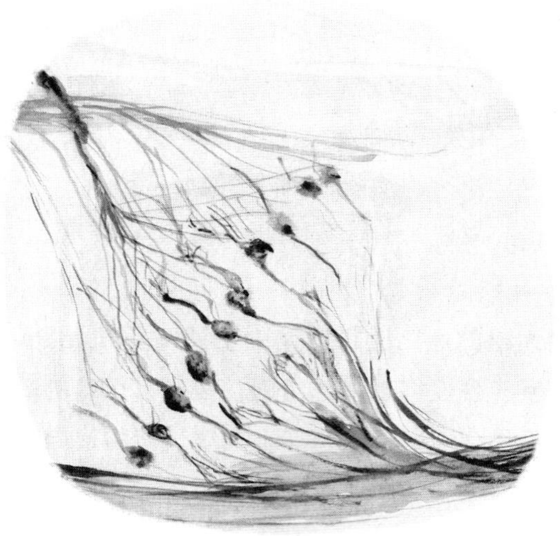

图 2-6 上橄榄复合体示意图

上橄榄复合体整合来自两只耳朵的信号并分析信号的相对时间差和响度差。

资料来源：经阿诺德·斯塔尔许可转载，由汤姆·兰姆绘制。

任何非直面而来的声音[①]，都会以不同的时间和响度传到我们的两只耳

① 直面而来的声音不仅是指声音从面前而来，而是指音源位于正面或背后，相对于两只耳朵的距离相等。——译者注

朵。如果声音稍微偏离中心，那么声音到达两只耳朵时会产生时间差，时间差最小可到十万分之一秒（10 微秒）的级别。如果声音是从左侧发出的，那么它到达左耳的时间会比到达右耳早几百毫秒，且从左侧而来的声音在左耳中会比在右耳中更响一些，因为声音到达左耳的传播路径更短，而且中间没有脑袋的阻挡。

不同声音频率在两只耳朵之间形成的时间差和响度差会有所不同。对于低频的声音，由于其波长很长，它们在绕过头部时响度损失不大；但声波到达两只耳朵的时间会有差异，虽然差异微小，但足以被探测到。相比之下，高频的声音会被脑袋阻挡，因此到达两只耳朵时存在响度差。由于每只耳朵都会将信息传递到双侧的上橄榄复合体，这让我们能够对声音的时间差和响度进行比较[7]，并有助于我们确定声音在空间中的来源。不妨让你的大脑来算一下：世界上哪个位置发出的声音，会给两只耳朵带来这样的时间差和响度差呢？除了辨识声音在空间中的位置外，这种能力也有助于我们将声音组合成单个“听觉对象”，比如同伴的声音，这样我们就可以在充满竞争声音的环境里选择性地关注到它。例如，在一家嘈杂的餐厅里，朋友坐在你的左边，此时，你最好忽略右边桌子上与朋友声音相似的陌生人的声音。在这种情况下，上橄榄复合体的双耳处理功能有助于我们理解声音。

听觉中脑：下丘 听觉传入神经通路的下一站是位于中脑的下丘。下丘与上丘是相对位置的“上”“下”，既不表示大小（下丘是最大的皮层下听神经结构），也不表示重要性（下丘位于听觉通路的中间部分）。下丘是个新陈代谢活跃（高耗能）的结构，既是听觉处理传入神经的中继站，也是多种感觉神经活动与非感觉神经活动的传出神经的交汇处。下丘，也就是听觉中脑，在听神经学家看来，其功能是整个听觉功能中至关重要的一环。

就像从大脑其他部位输入的信号一样，来自两只耳朵的信号也汇集到了中脑。此后，中脑会负责进行频率调谐选择、声音定位以及构造出“听觉对象”[8]。**正因为听觉中脑是听觉信息加工的交汇处，也是多种大脑信号的交汇点，所以它在理解声音方面起着至关重要的作用。**

不过，尽管中脑位于大脑深处，但它产生的电信号很强烈，足以在头皮上测量出来。脑伏特实验室的大部分研究都涉及中脑脑电波的监测，我们借助频率跟随反应（frequency following response，FFR）①，来研究音乐、阅读、孤独症、老化背后的脑机制。

听觉丘脑：内侧膝状体 通往大脑皮层的最后一站是内侧膝状体。内侧膝状体位于丘脑外侧膝状体旁边，而外侧膝状体是视觉系统的皮层下处理中心。

与听觉系统相比，视觉系统的皮层下处理步骤要少得多，视神经或多或少地会从视网膜直接上行至丘脑，没有类似于听觉处理的“站点”，如耳蜗神经核、上橄榄复合体或下丘等结构。视觉信息会从视网膜传输到丘脑，再到大脑皮层②。嗅觉则是从鼻子到嗅球，再到大脑皮层③[9]。值得注意的是，**听觉的皮层下系统异常丰富，它的听神经及耳蜗神经核、上橄榄复合体、下丘和内侧膝状体等站点都由若干个子站点组成。**

丘脑将来自听觉中脑的信息传递给听觉皮层，编码声音的持续时间，完成对复杂声音的进一步处理，并整合来自大脑不同区域的大量信息。它还可以调节意识，包括警觉、觉醒和觉知。**丘脑像一个探照灯（它的形状其实就**

① 频率跟随反应是听觉脑干神经核团对声音的周期性频率信息的锁相反应，是一种神经生理特征，可以用脑电图进行记录。——译者注

② 尽管少了一些“中转站”，但视觉旅程却需要更长的时间。声音从声波到电信号的转导仅需一个简单的步骤，而视网膜必须先将光转导为化学物质，再由化学物质激发后续的转导，最终成为电信号。如果能克服这一前端瓶颈，听觉和视神经信号就会以相同的速度传输了。

③ 嗅觉是唯一绕过丘脑的感觉系统。

像一个灯泡），搜寻着大脑中的神经活动。

听觉皮层 听觉皮层恰好位于耳朵上方的颞叶中，左右各有一处。听觉皮层是传入神经通路的最后一站，也具有音调定位拓扑图。在这里，特定区域上的神经元会根据信号是来自一只耳朵还是两只耳朵做出最佳反应，并进一步细化双耳处理[10]。听觉皮层负责解析谐波[11]、和谐音或不和谐音[12]以及信号的调幅与调频[13]，是探测声音模式的“能手”[14]。此处的神经元能选择性地对一段声音做出反应，并标记出声音的始末[15]。大范围内的皮层神经元都有选择性，有的会在特定频率上调谐，而大多数只对某些声音要素的组合有反应，如由辅音切换为元音时出现的扫频成分[16]。**总而言之，听觉皮层能灵活地从持续的声音环境中筛选出相关元素，并形成离散的听觉场景**[17]。

除了以上的声音加工功能，听觉皮层还能识别真实的声音，比如对于“木倾于林，其有声焉”这个问题①，答案是：功能完好的耳朵和皮层下核团在没有听觉皮层时也会被声音激活，尽职尽责地发放电脉冲，但如果没有听觉皮层，就不会产生我们能“感知到的声音”[18]。

听觉大脑的偏侧性 大多数人都熟知左右脑的概念，左右脑分别执行特殊功能，是神经系统古老的进化特征[19]。

从听觉大脑的角度来看，左右脑都参与了声音要素的处理。例如，对于语音，右脑倾向于处理基频成分（音高），而左脑则主要处理时值和谐波这两种语音线索[20]。声音和大脑的反应跨越了从微秒到秒的多个时间尺度，而这些时间尺度的处理同样与左右脑有关。左右脑都会参与语音和音乐的处理，但方式却不相同[21]。同样，在音高、音色和时间尺度等声音加工方面，

① 如果森林里的一棵树倒下，但没有人听到任何声音，那么树倒下时是否发出了声音呢？这里涉及声音作为物理概念和作为人的感知概念的区别。——译者注

皮层下核团也有偏侧性[22]。总之，**整个听觉通路中都存在偏侧性，这也是听觉大脑具备分布、整合以及反射性质的辅证。**

听觉的魔力依赖于整个声音处理系统的协同工作，我们将在下文介绍。

大脑内部信号传输受阻会导致声音理解困难

如果声音信号处理的不同阶段出现问题，会对现实生活产生怎样的影响呢？曾经有很多存在异常听力问题的人经常来脑伏特实验室找我们。

曾经有一位叫佩吉的年轻女性找到我们，她的听觉皮层受损，也就是患有所谓的“皮质性聋”（cortical deafness）的疾病。她曾因癌症接受治疗，挽救了自己的生命，但却损伤了大脑两侧的听觉皮层。虽然佩吉的耳朵和皮层下系统的功能运转仍然良好，但由于皮层损伤，佩吉可以感知声音，却无法理解声音的含义。

一个叫戴维的孩子的皮层下系统在声音加工方面存在问题。他的父母和老师知道他的听力出了问题，因为他在教室这样嘈杂的环境里都听不到任何声音。他没有交过作业，因为他没有听到老师布置作业的声音。在家里，他对声音的反应也和常人不同，因此，他的父母怀疑他是否有听力障碍。然而，检查结果显示，戴维的耳朵功能是正常的。于是戴维接受了一项测试，需要识别不同音高的哔哔声，结果，即使是音量很低的声音，他也能成功地分辨。实际上，戴维的问题是由他的大脑皮层下系统的神经放电缺乏同步性造成的。他的大脑中的神经活动可以从耳朵经由每个站点到达听觉皮层，但并不是以同步的方式行进的，使得神经活动错失了正确的时机。

现如今，人们对戴维的症状已经颇为熟悉，并将其称为听神经病变[23]。

对患有这种病变的人来说，即使在最轻微的噪声环境中，他们的听力也会很差。也就是说，他们在噪声中会完全失聪，而在安静的环境中，他们理解别人说的话通常没有问题。与患有皮质性聋的患者不同，听神经病变的患者通常一开始不会意识到有声音的存在。脑伏特实验室曾持续 20 多年随访一位患有听神经疾病的年轻女性苏珊。苏珊不得不戴着耳机工作，但她并没有听音乐，因为她听不到同事的呼唤声，而戴着耳机会让同事以为她在听音乐，当她的同事想引起她的注意时，耳机的存在会使他们去拍她的肩膀。现在，当有人敲门或打电话时，她的小女儿会提醒她。

佩吉、戴维和苏珊的故事告诉我们，**我们需要通过听觉皮层来理解声音。**而且，皮层下的听觉系统以及精密、快速、同步且一致的神经放电活动，对觉察声音以及在噪声中维持清晰的听觉是十分必要的。戴维和苏珊的故事为我们解答了为什么听觉是最快的感觉，也有助于我们理解听觉过程是如何依赖于精妙的同步计时的，以及为什么即便最细微的延时也会产生严重的影响。

这些患者来找我们时，是想寻求答案，在某些情况下，我们确实能从他们的大脑对声音的反应中察觉到一些异样，同时，他们也帮我们找到了一些问题的答案。此外，通过向我们展示听觉大脑可能会出现的问题，他们也向我们揭示了在正常情况下，具备完好听力的条件都有哪些。

从耳朵到大脑：问题与答案

令人欣喜同时又会让人感到遗憾的是未知的事物。例如，具有并排的频率定位拓扑图的特定结构并不罕见[24]，但有些拓扑图为什么是铺陈样式的？二者在功能上有什么不同？再举一个例子，上橄榄复合体和听觉皮层在双耳听觉处理过程中都发挥着关键作用，但对二者各自的独特作用，我们却知之甚少。此外，听觉中脑也给我们出了另一个难题：为什么来自耳蜗神经核和上橄榄复合体等“站点”的信息，都会汇聚到听觉中脑？人们可能会认为，这些结构完成了各自的任务之后，它们的输出不会聚到一起，但事实上却聚到了一起。而且，对于皮层下的听觉系统为什么比其他感觉系统更庞大、更复杂，我相信一定会有很好的解释在等待着被发现。

我们已知声音沿传入神经通路从耳朵传递到听觉皮层的工作原理。神经信息在“站点”间的传递并不是简单地复刻；相反，神经元表现出的放电模式越多样化，它们对其响应的声音也越有选择性，对声音的产生与终止也会变得更加敏感。通过抑制作用，也就是抑制某些神经元的放电率，声音加工会变得更聚焦，也更普遍。此外，神经元随经验变化的能力也会增强。**神经元不同的放电模式、抑制作用、对特定声音的选择性、随着学习而变化等原则，有助于从听神经到大脑皮层之间的声音加工变得更专业化。**与此同时，沿听觉通路越往前走，听觉中枢与感觉、运动、认知以及感知声音情绪等功能的系统之间的联系也会越来越紧密[25]。

还有一个原理：**越接近耳朵的一端，神经元与声音同步的速度越快；而随着其上行至皮层，同步的速度会逐渐变慢。**如果一种声音以每秒 30 次的频率重复，皮层下神经元可以跟得上，但皮层神经元只能跟上慢得多的频率。例如，皮层下神经元能跟上 2 000 Hz 的频率，而皮层神经元只能处理约 100 Hz 的频率。在声音上行的过程中，信息并没有丢失，只是编码方式发生了变化，且越靠近大脑皮层，信息整合所需的时间越长。皮层下结构是大脑的时间专家，其微秒级的时间精度体现了听觉处理的精确性，而快速计算双耳时差以进行空间定位和声音识别，也是皮层下结构的功能之一。另外，大脑皮层也具备相应的能力，可以整合长时间的听觉场景，这是我们驾驭语句和乐句的必要条件。

总之，**皮层下网络和皮层网络共同对声音进行加工。**从功能的角度来看，皮层下系统使我们能在复杂的音景中听到信号，使我们能在嘈杂的房间里听到朋友的声音。它对我们能立刻很好地觉察声音也是必不可少的。而我们能从声音中获取含义以及理解朋友说的话，大脑皮层功不可没。

顺流而下，传出系统

近年来，我们逐渐认识到了传出系统对感知世界的重要性。听觉传出系统是一个实质性的脑—耳网络，是位于耳—脑传入通路旁边的一条反向信息通道。传出系统比传入系统要复杂，且不像后者那样在每个“站点”经停。简而言之，万事万物是相互联系的，那么为什么呢？

伴随进化的历程，传出系统的复杂程度随之增加[26]，在人类和其他高度进化的物种中，传出系统逐渐占据了主导地位，影响着物种的思想灵活性和学习偏好性。传出系统可以选择性地专注于我们习得的重要声音[27]。这里的“传出”不仅指听觉系统内部的信息流动，也指信息从大脑的非听觉中心向听觉系统的传递。

传出系统下游的一些处理过程会引导我们听到特定的声音内容[28]。我们内心对声音的感知取决于声音本身的主旨含义，然后，来自听觉皮层的反馈信息以及来自认知系统、运动系统和奖赏系统的输入信息，会触发大脑对声音里重要细节的审查，并对不重要的细节进行修剪，从而精细化声音感知。也就是说，我们通过传出系统将过去生活中对声音理解的经验带入传入系统携带的信息中。听觉大脑会接收大脑外部的信号，然后编译为我们能理解的声音。听觉通路的每个“站点”（听神经、耳蜗神经核、上橄榄复合体等）都与其他感觉系统、运动系统、认知系统和情感系统相互沟通交流，**正是这种相互影响的上行与下行系统构建了学习框架，塑造了听觉大脑。**

听觉与其他感觉密切相关

视觉会影响听觉，反之亦然。乐手敲击马林巴琴（一种木制打击乐器）时的手势会影响音符的长度。为一段马林巴琴演奏的长音符的视频配上一段剪辑的短音符音频后，听者会“听”到长音符，而不是音频里的短音符[29]。同样，我们对弦乐器颤音的判断也会受视觉的影响。提琴颤音是一种轻微颤抖的音调，是由左手指尖在琴弦上来回滚动同时拉动琴弦而形成的。在小提琴演奏中，感知到的颤音的大小，取决于听者能否观察到演奏者弹奏颤音时手指的滚动动作[30]。在大提琴演奏中，如果弹拨动作伴随着弓弦音，或者反过来，那么即使是差别明显的弹拨音和弓弦音，也会变得模糊不清[31]。在语言感知的过程中，也有一个著名的视觉和听觉之间相互作用的现象，即麦格克效应（McGurk effect）[32]。例如，将音节 ba 的音频剪辑配上音节 fa 的发音口型视频，“ba”听起来就会像音节 fa 的音，因为门牙碰触下嘴唇时可以产生 /f/ 音或 /v/ 音，这种视觉小把戏会瞒骗大脑，让我们误以为“听到了 fa”。类似地，触觉和嗅觉也会影响我们的听觉。

听觉受到运动的影响

“你对钢琴做了什么？现在弹起来容易多了。”我的钢琴老师塞尔瓦托·斯皮纳（Salvatore Spina）是名钢琴调音师，他说自己帮客户调音后经常从客户口中听到这样的话。因为不再需要太用力，所以钢琴似乎更容易弹奏了，但我认为，这其实与感觉变得更加放松有关。跑调的钢琴音听起来会让人感到如临深渊，并且让人产生肌肉紧张感。优秀的钢琴家在弹钢琴时是放松的。不过，这只是我根据自己对听觉系统和运动系统间的关系的了解做出的猜测。

听觉和运动之间存在广泛的联系，有共同的进化起源。耳朵起源于以完成运动为目的，用来感知重力和空间位置的器官。我们仅仅听到语音而自己不发声，就能激活大脑运动皮层以及说话会用到的肌肉。仅仅听到节奏[33]或钢琴旋律[34]，就能激活我们大脑的运动系统，对音乐家来说更是如此。相反的情况也成立，如钢琴家观看别人弹钢琴而听不见声音时，或某人在默读时，他们的听觉中枢也会被激活[35]。此外，音乐家的演奏动作也会影响听众对音乐作品的情绪感染力或张力的感知，甚至会影响听众自动产生的生理反应[36]。

无论你是亲自做某个动作，还是看到或听到别人做这个动作，镜像神经元都会被激活（见图 2-7）[37]。这些**神经元能帮助我们通过观察他人的行为来了解他人的意图和情绪**。镜像神经元还可能有助于我们形成共情力以及学习语言。孤独症与镜像神经元系统的缺陷有关，这或许可以解释为什么孤独症患者很难从别人的角度看世界，不过这种解释仍然存在争议[38]。

图 2-7 镜像神经元示意图

自己做动作或观看别人做动作时，镜像神经元的反应是相似的。

听觉受知识的影响

在《语言与音乐的生物学基础》课上，我最喜欢演示一段剪辑过的语音，它经过了加工处理，听起来就像乱七八糟的静电噪声，可以想象一下牙疼的达斯·维德（Darth Vader）在雷雨天气扮演饼干怪兽的场景①。我会播放几次，然后让学生举手回答他们是否能听出来是什么。结果不出所料，根本没人举手作答，甚至没人听出这是一段语音。然后，我会播放这段语音的原声版本，在这之后，当我再次播放那段乱码的语音剪辑片断时，所有学生都仿佛灵光一闪，都能完全理解那段乱七八糟的声音了。他们都惊讶于那段语音的含义听上去是那么明了，不敢相信自己曾经被它难住。所以说，**我们所了解的知识，对我们所听到的内容有着巨大的影响。**

听觉受情感的影响

我们经常会听他人说："听到你的声音真好！"我们之所以如此，是因为我们与我们关心的人建立了声音与情感的联系。大脑的边缘系统或奖赏系统负责情感、动机和奖赏，涉及大脑皮层、脑干、丘脑和小脑等一系列结构，其中一部分属于大脑进化历程中最古老的部分。这就是为什么声音能成为通向记忆的主要媒介。人能否生存，取决于人是否记住了代表着危险的声音和代表着食物的声音。

无论是人、猴子、鸟、乌龟、章鱼还是蛤蜊，其最深层情感所引发的生理变化似乎都是一样的。在各个种群中，与欲望、恐惧、爱、快乐和悲伤有关的激素和神经递质等化学物质是相似的，几乎都包含雌激素、孕激素、睾酮和皮质酮（一种应激激素）[39]。

任何物种在饮食或交配时释放的多巴胺都与愉悦感有关，而多巴胺同样也与药物成瘾和痛感降低有关。当你在深夜散步时，如果突然听到某个声

① 达斯·维德是系列电影《星球大战》中公认的带有悲剧和矛盾色彩的重要反派角色；饼干怪兽是儿童教育节目《芝麻街》中滑稽又可爱的角色。——译者注

音，你会产生恐惧。大脑的边缘系统可以通过快速、低分辨率的通路，优先接入听觉中枢。这就是为什么我们对深夜里突然听到的响动会立即做出本能反应，而片刻之后，当大脑开始分析时，我们才意识到：原来是远处的垃圾桶盖子的砰砰作响声，它并不会伤害我们。大脑对突然响动的反应速度可以归因于皮层下情绪系统的功能特征以及潜意识功能[40]。**中脑对声音的反应会受到另一种与认知和奖赏有关的神经递质——5-羟色胺的影响**[41]。

再比如，母鼠会对幼鼠的叫声做出反应，也是因为其大脑的边缘系统在起作用。幼鼠离巢时会叫，而母鼠将幼鼠送回巢穴的行为能引起催产素的分泌。催产素是一种与母子关系有关的激素，它的释放会影响听觉皮层加工声音要素的方式。听到幼鼠的叫声后，与从未分娩过的雌鼠相比，母鼠大脑听觉系统中产生的反应是截然不同的[42]。

正如视觉、运动、思维和情感会影响听神经元一样，影响声音加工的最主要因素之一是加工声音的方式。我们在生活中听到的声音（声音体验），会在执行听觉任务及将声音赋予含义的神经元上留下不可磨灭的印记。**正是因为神经元可以发生改变，我们才有了学习能力，这反过来说也是成立的。**重复做某件事，最终会让我们成为处理该事务的专家，正如人们会说“我闭着眼也能做成这件事”。而在声音特征提取方面积累的丰富经验，会改变听觉大脑自动处理声音的方式，这种变化即使在睡梦中依然有效。这是因为传出系统的改变驱动了传入系统的改变。整个听觉传出通路上的神经元的反应特性均具有可塑性，耳蜗也是如此。**伴随经验而发生重塑的神经元放电方式，特异性地塑造了每个人对声音的独特反应，对此，我们将在接下来的章节中展开介绍。**

第 3 章

听觉学习，当大脑外部信号与内部信号融合

我的钢琴老师兼调音师塞尔瓦托·斯皮纳当上了外公，他的女儿是名世界级圆号演奏家。上周，他抱着 3 个月大的外孙女睡觉，屋里播放的背景音乐是拉尔夫·沃恩·威廉斯（Ralph Vaughan Williams）的《田园交响曲》（*Pastoral Symphony*）。外孙女一直睡得很香，但当第二乐章中缓慢、安然的号声萦绕在耳旁时，她忽然睁大眼睛，开始环顾四周，直到 30 秒后弦乐声取代了号声，她才又睡着了。由此可见，听觉学习很早就开始了。

如果一只兔子赋予某个声音某种含义，也就是说，如果这只兔子学会将一种特定的声音与关乎它健康快乐的事件联系到一起，那么，这种声音引起的神经放电模式就会发生相应的改变（见图 3-1）。在听觉皮层的单个神经元中观察到这种情况会很有趣。我仿佛推开了通往未知世界的大门，能目睹构建大脑的最原始模块——单个神经元的学习能力，这给我留下了深刻的印象。

我们对世界的觉察大多是无意识的。例如，即使经过训练之后，兔子也不会“有意识”地强烈激活大脑中的神经元。再比如，我会说意大利语，但在听到意大利人的声音时，我也不会有意识地让大脑活跃起来。在本章中，

我将从生物学角度揭示我们的经历是以何种方式塑造听觉大脑的。

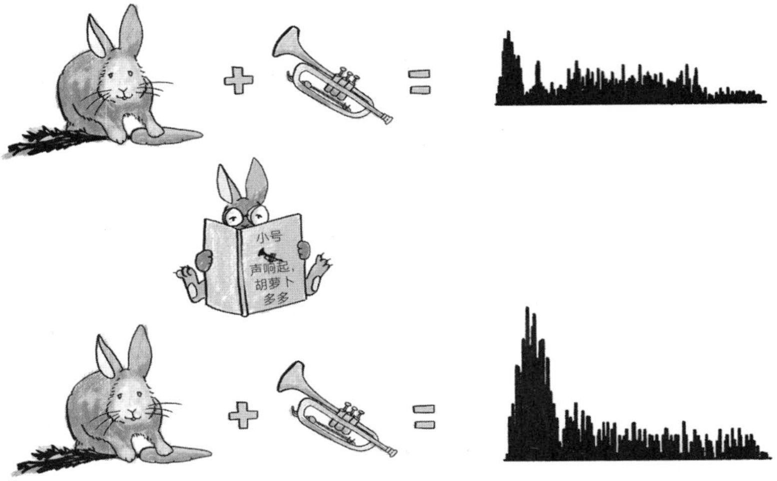

图 3-1　当声音与食物产生关联后，神经元对声音的处理会发生变化

“神经可塑性”一词泛指一切由于经历而引起的大脑变化。我的职业生涯一直是以“神经可塑性”“声音”等领域为中心的。虽然我非常关心声音加工的基本原理，即哪个神经元会对哪种声音做出反应，但我最感兴趣的是，当我们赋予听觉世界中的声音某种含义时，相应的放电模式是如何产生及如何改变的。如果用一句话来概括我从职业生涯中学到的东西，应该就是本书多次提及的那句：**生活中的声音塑造了我们的大脑。**

那么，大脑是如何被塑造的呢？在大脑皮层、皮层下结构以及双耳之间循环的传出系统，不断地促进着听觉学习。从脑到耳的传出系统不断进化出范围更大、更加复杂的形态，甚至具有比传入通路更丰富的神经投射，且占据了神经系统中更加有利的位置。**通过传出神经通路，大脑中最复杂、最灵活的区域与最基本的结构不断地沟通，使信息顺流而下，从大脑传递到感受器，如耳蜗、视网膜等——这就是学习的奥秘。**

被我们视作声音的那些气压变化，先是被耳朵接收，并以电信号的形式沿着传入神经通路传递给大脑。根据音高、时值、音色等声音要素的特点，耳蜗神经核和上橄榄复合体中的一些神经元会相应地被激活。同样的声音，仅仅因为一小段时间差，就能引发多米诺骨牌效应。但正如我几十年前在兔子实验中看到的那样，如果一段声音有了新的含义，那么随着时间的推移，这段声音会募集到更多的神经元参与处理，从而提升神经元的放电率或占据听觉系统中音调定位拓扑图的新位置。感觉、认知、运动、奖赏功能在传入系统和传出系统中的相互作用，会使大脑对那些于我们而言十分重要的声音形成一种默认的神经处理方式。由于声音的含义发生了改变，传出信号会导致传入系统的神经活动也形成一种新的默认模式。从生物学的角度来看，模式的改变就意味着学习和记忆已经发生了。这个新的默认系统为接收声音提供了一条通道，并为我们感知重要事物提供了一种操作机制。因此，**听觉大脑当下会如何反应取决于我们过往与声音有关的经历。**

被发现的听觉定位拓扑图

听觉通路上的音调定位拓扑图标示出了一些对特定音调格外敏感的区域，而在其他感觉系统中，也存在类似的神经功能定位关系（见图 3-2）。视觉系统有视网膜拓扑投射图，其本质是大脑特定区域会根据视野中物体的位置而被激活。在躯体感觉系统和运动系统中也有类似的定位拓扑图，而且都是有序地、系统化地对应于身体各个部位。比如，10 根手指在躯体感觉皮层上有一块相当大的映射区；触觉占重要地位的其他身体部位，如舌头和嘴唇，在皮层上也有很大的映射区；而肘部、肩膀和腿部对应的区域则小很多。你可以这样体验一下这种不均匀的体感分布：闭上眼睛，让别人用两根牙签之类的锐物轻轻触碰你；当触碰的是手指时，即便两根牙签只有 3 毫米的间距，你也能分辨出来是两根牙签在触碰你；而如果你想在背部或大腿上区分两根牙签的触觉，那么它们之间的间距至少需要 30 ～ 50 毫米，如果比这个间距还近，感觉上就只会像被碰了一下。感觉皮层附近的运动皮层也有类似的排布，大量的映射区被分配给需要做精细、精确运动的身体部位，如手、手指、嘴唇和舌头。

图 3-2 感觉定位拓扑图示意图

感觉定位拓扑图并不是听觉系统独有的。类似听觉系统这样精巧的系统，还包括视觉系统、触觉系统和运动系统。

最早关于感觉学习的发现来自人们对躯体感觉定位拓扑图的观察。20世纪30年代，怀尔德·彭菲尔德（Wilder Penfield）等人发现了躯体感觉和运动的定位拓扑图[1]，之后，大家认为这种身体部位和大脑区域之间的一对一映射关系证明了大脑是有固定连接的。然而，迈克尔·默策尼希（Michael Merzenich）颠覆了这个观点。

听觉实验室

默策尼希发现，如果猴子用同一根手指重复执行一项任务，那么其手指对应的大脑皮层区域会扩大；同样，如果猴子的手指神经受伤了，那么手指对应的大脑皮层区域并不会就此“沉默”，而会被其他手指对应的区域接管[2]。也就是说，如果小指受伤了，小指对应的皮层区域不会消失，而是被其他手指对应的皮层区域占据。

20 世纪 70 年代，默策尼希也初步发现了一些关于听觉皮层的定位拓扑图[3]，他发现，多种拓扑关系可以在同一区域内产生重叠且互不影响，这拓展了人们对皮层定位拓扑图的理解。比如，各种声音要素会同时映射到听觉皮层[4]，除了像“钢琴键盘”一样的音调定位拓扑图是编码音高频率的，还有一些拓扑图是编码音强或声音柔和度的，还有的是映射声音在空间中的位置的。**关于听觉皮层可塑性的研究证明了听觉定位拓扑图是十分灵活的**[5]。

除此之外，我们还观察到了跨通道映射的可塑性。比如，失明者的视觉皮层会被听觉[6]和躯体感觉功能“抢占”[7]。我们能看到钢琴调音师中有很多是失明者，因为失明者对声音的敏感程度很高。相反，失聪者的听觉皮层会被用于手语交流的视觉功能“抢占”[8]。这些都显示出大脑非凡的神经可塑性，这正是听觉学习所需的特性。

猫头鹰的声音空间地图

我最喜欢的一个关于听觉学习的例子，是关于猫头鹰和错觉眼镜的。猫头鹰是一种在夜间捕食的动物，它们无法借助阳光照亮猎物捕猎，只能依靠声音定位线索来捕猎。猫头鹰的声音定位能力比人类强很多，它们可以分辨空间中的声音，无论是水平方向还是垂直方向，其定位都可以精确到 1°的范围[9]。1°的平移范围是多少呢？举例来说，如果我站在足球场的球门线上，伸开双臂，打个响指，那么站在对面球门线上的猫头鹰仅凭声音就能分辨出我打响指用的是右手还是左手。猫头鹰可以对空间范围内任何地方的声音进行定位。此外，因为猫头鹰的耳朵可以向不同的高度和方向转动，如一只耳朵向下，另一只耳朵向上，所以它们还可以精确地定位高度，这对人类来说则是非常困难的。

猫头鹰和人类一样，也会利用耳朵之间的时间差和响度差来定位声音。**声音的频率决定了人类在定位时使用的线索，如用响度线索来识别高频声音，而用时间线索来识别低频声音。**但对猫头鹰来说，任何给定的声音，无论其频率如何，它们会同时使用这两种线索进行定位：双耳的时间差用于确定左右位置，响度差则用于确定高度[10]。通过这种方式，猫头鹰有足够的信息能把声音形象地“描绘”出来。

那么，什么情况会引起错觉呢？理论上，猫头鹰构建的声音空间地图与视觉空间地图应当是一致的。视觉与听觉之间的神经整合作用能使二者的空间地图保持一致，但必须通过学习，二者之间才能形成这样的对应方式。例如，一开始，幼鼠的吱吱声到达猫头鹰右耳时可能会略响或略早，这对猫头鹰没有任何意义，直到猫头鹰学会了把特定的响度或时机与荆棘丛右上角的猎物（幼鼠）而不是左下角的杂草联系起来。通过这种方式，猫头鹰的听觉中脑形成了听觉空间地图，视觉中脑形成了视觉空间地图。随着经验的积累，在传出神经的协调和记忆的帮助下，这两个中脑空间地图逐渐趋于一致。现在，如果一只猫头鹰的左耳比右耳早 50 微秒听到一声尖叫，那么它就会以迅雷不及掩耳的速度把头移向左视野中的精确位置：对应双耳间 50 微秒的时间延迟，也就是偏离中心约 20°的位置，正好是那只倒霉的老鼠所在的位置。

接下来，我们一起进入神经科学的世界。

我们可以给猫头鹰戴上棱镜眼镜，这种眼镜就像护目镜一样（见图 3-3），可以扭曲它的视觉空间位置。

听觉实验室

假设猫头鹰已经知道，具有特定双耳时间差的声音意味着发出声音的物体在左侧。但现在，在眼镜扭曲空间的作用下，猫头鹰会把来自同样位置的声音与右侧的物体联系在一起。在戴上眼镜几周后，猫头鹰会重新创建视听空间地图。现在它知道，当特定的声音响起时，它需要把头转向右侧。这就是一个传出系统影响学习的绝佳例子[11]。在狩猎成败的激励下，由于传出系统的“推动”，猫头鹰学会了一种新的视听空间地图，并最终改变了自己的听觉中脑特性。有人可能会好奇：摘掉眼镜之后，猫头鹰构建的新视听空间地图是否会恢复如初呢？答案是肯定的，但不会立即恢复。

图 3-3 一只戴着眼镜的猫头鹰

听觉学习是否有年龄限制

众所周知，年少时期是大脑学习的黄金阶段。人们曾经认为，只有猫头鹰雏鸟可以重建空间地图，在成年猫头鹰中，人们最初并没有观察到由戴眼镜引起的空间映射变化[12]。这似乎表明，在幼年期这一关键阶段之后，皮层下系统可能就不会发生重塑了。然而事实表明，处于幼年期的动物和成年期的动物有不同的学习策略，而不同的策略会产生不同的效果。成年猫头鹰不像幼年猫头鹰那样可以在眼镜的影响下将视觉空间地图移动 23°，它们只能移动 6°。不过，即使是这种小范围的连续变化，最终也能促使其学习成功，且随着经验的累积，成年猫头鹰最终能表现出与幼年猫头鹰一样的空间重构能力[13]。这些在猫头鹰身上的发现和很多其他类似的发现是我对研究保持乐观态度的原因。俗话说，**“活到老，学到老”，任何年龄的人和动物，只要采用正确的方法和最佳途径，都能学习。**

值得注意的是，与单独关在笼子里的猫头鹰相比，在有更多刺激和探索空间以及能与其他猫头鹰互动的大鸟舍中生活的猫头鹰，在任何年龄段的学习速度都更快[14]。在后文中，我们将一次次地重新审视丰富或贫乏的环境对听觉大脑的影响。

通过听觉大脑进行学习

猫头鹰的例子揭示了学习感知世界的关键性生物学机制。它展示了传出系统的力量，在经验的推动下，传出系统可以使大脑重新布线并形成听觉大脑；它也展示了多种感觉系统之间的丰富交流；它为“**只要环境适当，整个生命阶段都可以发生神经重塑**”的观点提供了证据；此外，它还特别强调了声音的时值要素的重要性。

在建立声音与含义的连接时，整个大脑发生了什么呢？在听觉通路上，皮层、皮层下结构、听神经和耳朵本身，所有的这些结构都参与了学习，这说明，对我们习以为常的听力来说，传出系统是不可或缺的。

听觉皮层的学习

由于音调定位映射的关系，听觉皮层中的任何神经元都会优先对某种音调（声音频率）做出最佳反应，而面对其他频率时则几乎不受影响。对接近优势频率的音调来说，神经元的放电作用还可能被抑制。

大脑皮层上的功能定位拓扑图清晰地展示了经过学习而建立起声音与含义的联结时，大脑发生了什么。

听觉实验室

假设一只雪貂听觉皮层上的某个神经元对特定频率（如 8 000 Hz）会优先响应，而在这个优先频率之下有一个抑制频带，其中心频率为 6 000 Hz。当这只雪貂明白 6 000 Hz 的音调代表了它关心的某种带有奖赏性质的东西时，经过训练，其大脑中原本对 8 000 Hz 的频率优先响应的神经元会将其响应范围扩展到 6 000 Hz，且会相应地减弱对 8 000 Hz 的频率的响应（见图 3-4）。我们虽然描述的只是单个神经元的变化，但其实它周围的其他神经元，如对 7 000 Hz 的频率优先响应的神经元，也会调谐到 6 000 Hz 进行响应。这是一种动机驱动的新声音要素编码方式[15]。

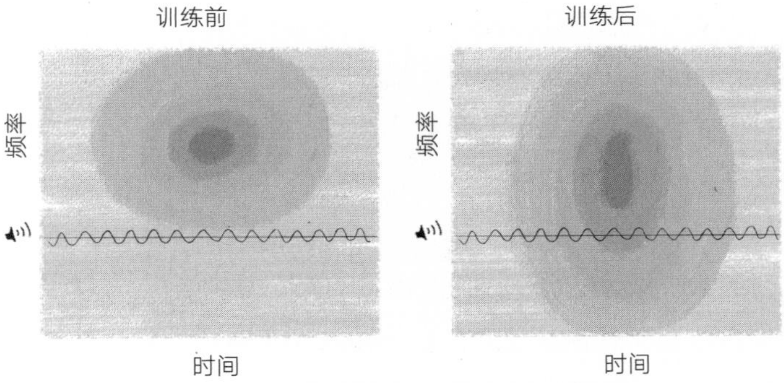

图 3-4　随着学习的展开，神经元会发生改变

图中的灰色越深，表明神经元兴奋性越强。在训练之前（左图），大脑在特定频率（如 8 000 Hz）的兴奋性活动最高。假如一只雪貂了解到在较低的 6 000 Hz（波浪线的位置）频率上有重要的听觉信息，那么其大脑中神经元对频率的反应范围会扩大到右图所示的相关频率上。

听觉皮层下脑区的学习

与猫头鹰和人类一样，雪貂也会利用时间和响度的双耳差异来确定声音在空间中的位置。如果改变感觉输入，比如堵住一只耳朵，那么在仅仅受到一次刺激后，雪貂就能重新掌握声音定位能力[16]。

对于已经习得的定位能力，一旦建立了听觉空间地图，或通过训练重建了新的空间地图，那么从听觉皮层到中脑的传出系统几乎不会被化学递质直接影响。然而，**如果没有传出系统，就无法建立新的空间地图，学习就无法发生**[17]**；反之亦然。**当某个声音与其含义脱离联系后，听觉空间地图就会恢复原样。而如果没有完整的传出系统，这个过程是无法完成的[18]。**听觉皮层和中脑之间完整的连接对学习或遗忘来说至关重要。**

通过模拟传出系统的神经活动，我们可以了解传出系统是如何改变大脑的调谐方式的。通过对听觉皮层的神经元直接进行电刺激，我们可以在中脑[19]和丘脑[20]中观察到与受刺激脑区传出神经相连的神经元会发生怎样的变化。在中脑和丘脑中，激活更多的神经元或触发抑制作用都可以达到增强响应的效果[21]。而在大脑皮层上施加的刺激沿着传出神经顺流而下，其影响范围可以超出中脑，并延伸到耳蜗神经核[22]。

经过训练，听觉大脑会通过自上而下的影响发生变化，就像猫头鹰和雪貂在习得声音与含义的联结后，它们的中脑加工声音的方式也会随之改变。因此我们推测，中耳发生感染的孩子会理解或误解某个声音。这些孩子的大脑听觉系统就像耳朵被堵住的雪貂的听觉系统一样，接收到的是比正常情况下更安静的声音信号（通常发生在单只耳朵）。不难想象，在发育的关键时期，他们的听觉学习可能会因此受阻[23]。接下来，我们将继续探讨听觉学习，并阐述在生活声音的影响下，听觉大脑是如何变好或变坏的。

对耳朵里发生的学习，我们了解多少

是否有证据表明，经过训练或受到传出通路上其他形式输入信号的影响后，耳朵的工作方式也可以发生改变呢？在回答这个问题之前，我先告诉大家一件非同寻常的事：**耳朵可以发出声音！**（想象一下你的眼球会发光吧！）

内耳（耳蜗）包含内毛细胞和外毛细胞。听神经上从机械活动到电活动的转导是由内毛细胞完成的。外毛细胞的数量是内毛细胞的 3 倍，那外毛细胞的作用又是什么呢？外毛细胞这些超级感受器位于大脑传出通路的接收端，结构十分复杂，而且它们可以移动[24]。它们的移动会改变内毛细胞与大脑之间的信息交流，使安静的声音得以放大，并使响亮的声音得以削弱，进而拓宽可听的响度范围。所以说，耳朵在聆听大脑的“声音”。

外毛细胞的运动能产生可被听到的声音。我们在耳道里放置一个微型麦克风，可以记录这些声音。这些声音可以由声音诱发[25]，被称为耳声发射（otoacoustic emissions，OAEs）。只有当耳朵“听到”某个频率的声音时，耳声发射才会产生。这一发现彻底革新了新生儿的听力筛查方法。现在，我们可以在几秒钟内确定耳朵是否能对一系列与谈话相关的重要频率做出反应。

现在，我们知道了耳朵能发出声音，并且是通过传出系统所控制的部分来实现的，这加深了我们对脑—耳系统重要性的理解，也为理解大脑与耳朵之间的信息沟通提供了可行的方法。

那么，这些功能是如何实现的呢？首先，耳声发射的前提是有声音传入耳朵。比如往右耳输入一段声音，那么从右耳反射出的回声就代表了耳蜗的基线活动。然后，重复上述过程，同时向左耳播放一段很响的噪声，比如类似“嘘”声的白噪声。大脑一旦收到左耳听到噪声的消息，就会发送指令，影响双侧耳朵，并“告诉”耳蜗的外毛细胞关闭引擎，同时降低声音放大的倍数，以保护耳朵免受噪声的伤害[26]。大脑对耳朵的影响可以用耳声发射的大小来衡量。因此，大脑一直控制着声音加工的起始点——耳朵。

大脑还会通过其他方式影响耳朵。首先，听觉皮层受到损伤或接受电刺激时，会减弱耳声发射[27]；其次，相比于简单的放松状态，如果集中注意力在某个声音上，耳声发射的大小就会受影响，这再次证明了耳蜗会受到传出系统的控制[28]；此外，音乐家凭借其毕生与声音相关的专业知识，使得他们具有独特的耳声发射，而且我们可以推测，他们的耳蜗比不是音乐家的人具有更加灵敏的调谐能力[29]；最后，耳声发射的大小还取决于人们是否“只闻其声，未见其人”[30]。因此，**大脑和最初始阶段的声音感受器（耳蜗）都具备完整的传出系统的基本结构，它们牢牢地控制着声音加工的过程。**

意之所向，学之所至

我是个会弹吉他的吉他手，而我丈夫是个“吉他演奏家”。有一天，我正试图看清楚恐怖海峡乐队（Dire Straits）①的歌曲《摇摆苏丹》（*Sultans of Swing*）的主旋律。乐队核心人物马克·诺弗勒（Mark Knopfler）在他的吉他独奏中演奏了一段特别的旋律，但无论我怎么试都弹不好：我无法在那么短的时间里连续拨动 3 次琴弦。我丈夫走过来对我说：“尼娜，你如果仔细‘听’，你会发现他的左手也在拨动琴弦。②”这种动作会产生一种独特的声音，不仅能提高演奏速度，还能改变声音的音色（谐波要素）。我仔细听了一会儿后，也能分辨出这种特殊的声音及其音色了，我当时想，我的听觉系统已经调高了谐波调频器。而在那之前，其实我首先要学会应该去关注什么。只有在我竭尽全力地关注左手带起琴弦而产生的谐波序列之后，我才真正“听清”了那段声音。只有经过长时间的努力与刻意关注，才能使“听”

① 恐怖海峡乐队，一支著名的英国摇滚乐队，于 1976 年组建于伦敦西南部的代特福德，活跃于 1977 年至 1995 年。——译者注

② 弹奏吉他通常用左手按弦、右手拨弦，而如果改变左手按弦的指法，用手指“带起”琴弦得音，这样可以让右手的一次拨弦动作同时弹奏出多个音符，让声音变得更加丰富。——译者注

的过程变得无意识和自动化，直到形成我的一种默认反应。

注意力属于听觉大脑的感觉 - 思维 - 运动 - 情感网络中的思维范畴。在注意力的影响下，感觉定位图会被重塑[31]，重塑的程度和长期稳定性与注意力集中的程度直接相关[32]。在这个过程中，**中脑产生的多巴胺神经递质[33]会调节注意力，并参与调节奖赏和动机。**

尽管大脑中有数十亿神经元和精密的感觉系统，但我们也无法处理每一幅图像、每一个声音、每一个动作、每一种气味以及拂过的每一缕风。面对如此庞大的感觉输入量（估计为每秒 10 兆或更多），我们必须依靠优先处理机制。我们需要过滤不必要的东西，专注于当下重要的事情。无论是狩猎、避险、聆听、阅读、安全地探索世界，还是享受一段吉他旋律，这些事情都需要注意力。我们不断地在学习哪些东西是重要的，通过学习，大脑学会了哪些声音、图像和气味是需要着重关注的，哪些是可以忽略的。犹他大学的心理学家戴维·斯特雷耶（David Strayer）说："注意力是圣杯。你意识到的和吸收的一切，你记得的和忘记的一切，都取决于它。"[34]

全神贯注

我们每天可能都会遇到这样一种情况：在一个嘈杂的环境里，聆听朋友与其他人的交谈。这就是所谓的鸡尾酒会问题：我们必须利用听觉注意力来关注朋友的声音，同时忽略其他所有声音。

大脑中有一种能使我们接收需要的信息、屏蔽不需要的信息的神经网络，被称为网状激活系统（reticular activating system）。它联合了大脑皮层和皮层下结构，直接连接着整个听觉通路，使得注意力可以调节神经元对声音的反应。

前文介绍到，当雪貂学会关注新频率时，其听觉皮层中的单个神经元是如何通过改变调谐方式来适用新频率的[35]。如果雪貂要学会将两种不同的事物与两种不同的声音联系在一起，其中一种声音是它需要关注的，而另一种声音是需要忽略的，那么雪貂的神经元的调谐会在两种频率上加倍偏移[36]。其实，这些偏移并不局限在频率上。例如，如果在学习任务中，另一种声音要素（如时值）也具有某种意义，那么神经元对时值的反应也会发生相应的改变[37]。

由注意力引起的大脑调谐方式的变化，或对时值等声音要素反应的变化，可以发生在整个听觉通路上，包括中脑[38]和听神经[39]。耳内传出系统的外毛细胞会调节声音的放大倍数，这可能是注意力选择声音的一种机制，也是我丈夫看书的时候听不到我说话的原因。

当一个人同时听到两个句子，但被要求只能关注其中一个句子时，我们可以同步观察记录他大脑的神经活动。结果表明，相比于没有特别关注的某个句子，此时其大脑对关注的听觉信息会有更好的反应能力。换句话说，这个人关注第一个句子会抑制对第二个句子的神经活动，因为尽管第二个句子可能同样突出，但它在语境中被认为是不重要的[40]。所以，上下文语境是至关重要的。

为了最大限度地实现倾听的目标，听觉大脑会与边缘系统、认知系统、感觉系统和运动系统协同工作。此外，因为我们今天的倾听目标与明天的可能并不相同，所以目标灵活性也很重要。不过，也有人会特别关注某些声音细节。通过研究这些“声音专家”对声音的处理方式，我们了解了重复进行即时化的听觉注意训练，会如何将听觉大脑调节成一种不同以往的、连续增强的默认状态。

专家是如何维持注意力的

我并不经常看体育比赛。以篮球为例，我只了解最基本的规则，除了关注球员是否进球外，我对球员在篮球场上的许多动作都欣赏不来。但当我听到解说员（可能曾经是一名球员）的描述时，我感到十分惊讶。解说员看到的是一个完全不同的场景，他会描述和分析进攻战术、防守区域、时间控制、犯规策略等细节，还有很多我不会注意到的细微差别。为什么会如此呢？这是因为我并不知道该注意什么，而解说员知道，所以他实际上关注的场景和我关注的并不相同。不过，演奏音乐却可以让我沉浸在乐声之中，我是有能力欣赏到表演者技艺中的细微差别的。像篮球解说员一样，此时我知道该关注什么。

听觉专家可能是音乐家、双语者、运动员、声学工程师或设计师，甚至可能是鸟类观察者或冥想者。此外，我们都是自己母语的专家。对所有的听觉专家来说，大脑外部信号（声音）塑造了大脑内部信号（电信号）。这个原则同样适用于其他所有人，只不过它在听觉专家的身上更明显，这就是为什么他们比我们更了解大脑。现在，你正在阅读这本书，而一小时前你可能在遛狗，一周前你可能在赶往亲戚婚礼的大巴车上——大脑加工声音的方式都是基于我们过往关注到的声音。听觉学习贯穿人的一生，无论以何种形式，它都会逐渐塑造我们的大脑。大脑不仅可以瞬间转移注意力，以帮助我们完成单项任务，还会通过积累声音经验而发生改变。**我们越是明确地去关注某件事，在这件事上花的时间越长，听觉大脑中的声音编码系统发生的改变就越多。**

学习我所喜爱的

我们可能记不住老师在英语课上安排的看图造句练习，因为可能实在太无聊了。在大多数情况下，我们愿意学习自己关心的东西。当我们尝试学习某样东西时，没有比兴致盎然更能激励我们了。无论是正在学习捕猎的猫头鹰，还是第一次背起电吉他的少年，在给特定的声音赋予意义时，他们都在激活大脑中的奖赏中心。猫头鹰的生存完全依赖于捕猎的成败与否，所以它们很在意自己的捕猎能力；而一位崭露头角的音乐家则会全身心地投入音乐创作中。

边缘系统极大地提升了学习速度，并使得学习效果能持续更久[41]。事实上，如果没有边缘系统，听觉大脑可能就不会发生重塑[42]。即使不经过训练，直接用电流刺激边缘系统，也可以重塑大脑的功能定位图。只要将一个音调与边缘系统的刺激相匹配，那么这个音调在听觉皮层上的频率定位区域就会相应地扩大[43]。如同电刺激边缘系统可以改变听觉通路一样，当某个声音与动物所关心的事物相关联时，也会激活动物的边缘系统[44]。**在情感和听觉大脑之间，一定存在一条双行道。**

从有意识到无意识地处理我们周围的声音

前几天，我更换了自己的手机铃声。一开始，手机铃响时，我并不会马上注意到，但几天后，即使手机在另一个房间里响起来，我也能立刻注意到。这就是无意识学习。另一个更引人注目的例子是著名的 H. M. 病例①。

听觉实验室

一位年轻的癫痫患者，为了缓解癫痫发作而做了脑部手术，切除了一些脑部区域，包括记忆的主要部位——海马。虽然他的癫痫发作得到了缓解，但他再也不能形成新的记忆了，他甚至无法回忆起刚刚遇到的人或事。然而，当他做类似镜像

① H. M. 病例是医学史上最有名的失忆病例之一，患者原名叫亨利·莫莱森（Henry Molaison），对该病例的一系列测试研究报告最初由神经外科医生威廉·斯克维尔（William Scoville）和心理学家布伦达·米尔纳（Brenda Milner）在 1957 年以论文的形式进行了发表。——译者注

绘图的任务时，即便第二天他不记得自己曾经做过，他的表现仍然优于前一天[45]，因为他已经在无意识的状态下进行了学习。

刚学会骑自行车时，我们需要刻意地集中注意力来控制自行车的脚踏板以及摇晃的车把。学会以后，我们就可以自动地、无意识地、毫不费力地骑自行车了。同理，对我们来说很重要的声音也会经历类似的过程。无论是播放声音的当下，还是播放后的一段时间，大脑的听觉系统都在不断地调节着听觉大脑。首先，最具可塑性的听觉结构——听觉皮层会发生变化，以便即刻完成任务；然后，随着我们持续地关注和不断地重复，听觉通道的结构也会发生改变；最终，一种新的默认状态便形成了。在新的默认状态形成后，我们熟悉的乐器声音、言语的声音、教练在场边的呐喊声、我们的名字被叫到的声音或新手机铃声等，都会变得重要起来，且在大脑中会被优先编码。当我们对声音的体验在听觉大脑中留下了丰厚的“资产”时，就不再需要关注如何构建陌生的声音和含义之间的联结了，因为大脑可以自动地、无意识地采用一种新的、有效的且更快的方式去加工声音。从我们还在子宫里开始，听觉大脑就在默默地捕捉着声音模式，并将伴随我们一生[46]。

经历的事情越多，听觉大脑的学习能力就越强。例如，相比雪貂数小时的学习，终生演奏音乐或讲第二语言会对大脑产生更强的持续性影响。

那么，我们对声音的内隐体验和外显体验是如何转化为记忆的呢？传出系统通过改变大脑加工声音的方式使学习得以可能。但并不是所有的结构都会以同样的方式受到影响。一般来说，越靠近外周的结构，即越靠近耳朵、越接近听觉通路示例图底部的结构，发生改变所需的时间就越长，所需的训练、实践和注意力也就越多。一旦完成学习，大脑皮层上的功能定位图在训练过程中发生的扩展就会恢复到训练前的状态，因为此时的学习过程会采用新形成的策略，而不再依赖大脑皮层的参与了[47]。但在更外周的皮层下结构中，训练结果，即转化成新的默认状态或形成记忆，往往会持续更长的时间。

因此，虽然皮层重塑有助于短时记忆的形成，但听觉的长时记忆的形成则需要对整个听觉大脑的默认状态进行系统性重塑，涵盖了耳—脑通路上的所有结构对某种声音的反应方式的重塑。也就是说，**传入神经通路上通过学习而发生改变的神经活动，现在已构成了记忆本身。**根据这个观点，**听觉大脑的每个部分都储存着我们对声音体验的记忆。**

通常，我们察觉不到大脑中涌现过什么样的神奇现象，而生物学原理可以帮我们更好地理解大脑是如何构建个性化声音反应方式的。就像篮球解说员关注的球场场景和我关注的不同那样，没有任何两个人有相同的听觉场景体验。通过对声音的体验和关注，我们每个人已经形成了独特的、自动的声音加工的基本模式[48]。

一言以蔽之：声音改变了我们（见图 3-5）。

图 3-5　生活中形形色色的声音塑造了我们的听觉大脑

第 4 章

大脑这样“听”

“大脑中发生了什么？”这是我研究的核心。如果无法检测到大脑的活动，那么我们很难探索声音在语言、音乐和健康等方面的生物学基础。多年来，我一直在寻找一个合理的观点，能洞悉听觉大脑在加工声音的过程中的微妙之处。

在过去很长一段时间里，科学家经过了几十年、几代人的努力，尝试拓宽科学的研究边界。在这个过程中，科学家可能找到了一些看起来很有前途的方向，但当他发现这些方向开始变得不明朗后，便会停下来，随后转向另一个更符合已知事实的方向。在科学之路上，人类上下求索，虚怀若谷，为黑暗的未知世界投下了一缕微光。而我的旅程是为理解大脑加工声音的方式打开一扇窗。

科学进展不是一堆事实的集合，而是依赖于贯穿古今的情境和人。“科学”常以没有上下文语境的语音或标题出现在公众面前，如“科学表明，培根对健康有益。”而之前的头条新闻所说的“培根对健康有害”已被人淡忘或失去了价值。这并不是真正的科学进展，**因为科学成果应当是由经受反复**

考验的思想慢慢积累而成的。这两项关于培根的研究，加上之前和以后的大量研究，都会为阐明盐腌五花肉的健康价值和营养价值提供更多的证据支撑。而任何一项孤立的研究都不足以拿来下“定论”。一些记者和急于求成的科学家有时急于发表最新发现，好像他们已经解决了问题一样。尽管他们总结出的一些理论可能会令人满意，但如果轻率地报告科学发现，很容易导致人们得出适合自己的结论，而忽视不适合自己的结论，这是有害而无益的。

历史上，听力科学一直专注于研究从耳朵到大脑这个方向的问题。这也可以理解，从耳朵起始，沿着耳一脑这条路径，逐渐把各个部分组合起来，可以弄清楚声音是如何进入并穿过大脑的。随着该领域的发展，我们开始意识到，耳一脑系统只是某个更深层次的系统的一部分，后者还涉及很多其他大脑区域。

一直以来，我迫切地想知道大脑在做什么，以及想弄清楚当我们生活在声音世界中时，听觉大脑里发生了什么。我想要学习如何塑造听觉大脑，以便成为更优秀的音乐家和运动员，更好地聆听多样的世界——从鸟儿的歌声到我们所爱之人的低语。因此，我梳理出如下重要事项：

1. 我需要一种生物学方法，可以用来揭示声音加工过程中难以识别的细节。一项对海马（对形成新记忆很重要）的实验给了我灵感：研究人员要求被试观看一组图片，并直接记录其海马的神经活动。他们发现，当被试看到他以前看过但不记得看过的照片时，其海马的神经元会有所反应[1]。很明显，**大脑“知道”的比人意识到的更多**。我想在听觉大脑中寻找类似的现象。
2. 我需要捕捉听觉大脑是如何加工声音要素的，如音高、时值、音色……
3. 我需要在不要求听众主动参与的情况下获得以上这些信息。探测听觉大脑的方法需要适用于那些可能在执行任务方面有困难的人、年龄太小或因生病而无法静坐的人，或有语言障碍的人。探测方法需要不受系统干扰，且适用于所有人。

4. 我需要一种探测听觉大脑的方法，以了解学习第二语言、进行音乐训练、做体育锻炼、完成阅读训练或遭受脑损伤等经历是如何塑造听觉大脑的。
5. 最重要的是，我需要一种探测方法，揭示不同个体的大脑的声音加工过程以及人们是如何以自己独特的方式聆听世界的。

现在，我已经知道，频率跟随反应可以捕捉大脑对声音的反应，这可以为理解听觉大脑添砖加瓦。接下来，我将讲述我为了解决问题而发展出以上这些方法的历程，尽管我也曾误入歧途。

从大脑外部检测内部信号

如果我现在和你说话，你的大脑听觉系统的神经元会产生电信号。虽然声波到达头皮表面的电反应是微弱的，但我们可以用头皮脑电的电极进行测量。不过，这种方法仍充满挑战性，因为大脑不仅会对声音做出反应，还会对我们看到的事物、坐姿的受力、心跳等产生反应。此外，房间里的计算机、墙上的插座、智能手机等也会产生电磁干扰，因此，我们必须把声音引发的微弱电信号从无关紧要的、反应更强的电活动噪声中剥离出来。

那么，我们能否让其他所有非听觉性的电活动噪声消失呢？答案是能，我们可以将信号进行平均化处理，这样至少能得到近似值。平均化处理方法背后的思想是，重复多次给定一个声音，那么大脑对该声音的反应总是在相同时刻发生，而电活动噪声，无论是来自人还是外部环境，都是随机产生的，会随着不断叠加平均而逐渐消失。例如，计算机会不停地嗡嗡作响，人觉得鼻子发痒后会抓挠，心脏会不停地跳动，但声音则是按规律进行播放的。我们可以用计算机精确地定时播放声音，再对齐声音的起始时刻，将所有的大脑电活动反应堆叠在一起。通过这种方法，与感兴趣的声音同步的任何大脑活动都能用来进行平均化处理，使最终的近似值更精确。与此同时，那些非同步的噪声事件，如咳嗽、关节扭转、荧光灯的闪烁则被杂乱地混合在一起，当重复平均化处理足够多次后，这些噪声的平均值将趋近于零。一旦噪声干扰足够小，我们就能得到“声音促使大脑做了什么”的信息。

我们不需要移动头皮表面的电极，就可以通过改变声音，并从连接不同听觉通路（从听神经到大脑皮层）的节点上，采集到相应的大脑电活动。但是，如果电极没有直接放置在某个听觉结构中，我们如何知道记录的信号是来自脑干、中脑、丘脑、大脑皮层还是其他结构呢？实际上，通过直接记录这些大脑区域的信号，我们发现了听觉通路的原理，并可以根据这些原理推断出信号的来源。大多数情况下，我们可以借助信号的传播速度来判断其来源，因为神经元同步的速度（针对声音要素一同激活）沿着耳朵到大脑的通路会逐渐减慢。一些听觉结构专门处理数十秒的时值信息，另一些则处理秒、毫秒甚或微秒尺度的时值信息。简而言之，**大脑皮层的反应是较慢的，而皮层下结构的反应则是较快的。**

一般来说，听神经能跟得上高速放电的速度。如果你以几千赫兹（每秒几千个正弦波周期）的频率播放某个音调，听神经会对每个周期都做出强烈的反应。正常情况下，丘脑的频率可达几百赫兹，听觉皮层约为 100 Hz，中脑则介于二者之间。因此，如果你记录到头皮电极对语音（700 Hz 是典型“啊”声的重要谐波频率）信号产生了强烈的反应，那么可以断定该反应并非来源于丘脑或大脑皮层。因为丘脑和大脑皮层仍会处理较高频率的信息，但并不是以中脑的处理速率来锁定编码特征的。中脑会在每个周期上进行锁相放电。

第一步：知晓声音的改变

无论是听觉、视觉还是躯体感觉，当大脑识别到一种原本可预测的模式

忽然发生改变时，它会有所响应，科学家已将这种现象应用到了研究中。为了检测声音的变化，我们可以重复播放某个声音，然后每隔一段时间，如播了 10% 的内容之后，插入另一个不同的声音，如“哔——哔——哔——啵——哔——哔——哔”。在“啵”声响起后，头皮记录到的电信号会产生波动，标志着大脑检测到了从“哔”声到“啵”声的变化。这种重要且实用的生活技能，可能是长期进化的结果。在远古时期，我们的祖先需要在持续存在的音景中检测到变化，从而对潜在的危险保持警觉，如在蟋蟀鸣叫的背景声中，突然出现一条蛇游走的声音。因此，探测声音的变化是我们与生俱来的反应，值得深入研究。

这类广为人知的大脑反应方式，甚至被用在刑事侦察中进行信息提取。过程通常如下：假设发生了一起凶杀案，我们给嫌疑犯佩戴上电极，然后让他依次观看各种“武器”的图片，如手枪、来复枪、撬棍、毒药、猎刀、菜刀、锤子等。如果是对犯罪一无所知的无辜者，他们的大脑对每张图片都会产生相同的生理反应；而如果是罪犯，那么他的大脑会对他用来行凶的“武器”做出明显有别于其他“武器”的反应[2]。

20 世纪 80 年代末，我到匈牙利参加了一个会议，会上一位名叫里斯托·那塔恩（Risto Näätänen）的芬兰神经学家引起了我的注意。

那塔恩发现，即便在无意识的情况下，大脑也会对声音模式的变化产生相应的反应，他将这种反应称为“失匹配负波”（mismatch negativity，MMN）①[3]。当一个声音与序列中的其他声音“不一致（失匹配）”时，就会产生一种低压脑电波形（负波）[4]。值得注意的是，这种反应是自动发生的，也就是说，这不需要听到声音的人有意识地参与，被试可以阅读、观看字幕

① 失匹配负波是脑电波听觉事件相关电位的重要成分，反映了大脑对小概率随机出现的听觉偏差刺激的自动响应方式。——译者注

视频、睡觉、发呆或以其他方式忽略声音。这种测量方法正是我所需要的，它可以进行被动测量，也就是说，不需要听众的主动参与。如今，失匹配负波测量已成为检测变化的研究方法之一。

如果集中注意力，你会很容易察觉到声音的变化。但如果我们更进一步，能否测量到大脑对无法察觉的声音变化所做出的反应呢？我们知道，存在语言障碍的孩子在加工声音方面存在困难。他们很可能在处理细微差异方面有困难，如语音之间的细微差异。如何让一个蹒跚学步的孩子告诉你他能分辨出什么声音，以及分辨不出什么声音呢？即使声音差异非常明显，孩子也很难说出自己能听到什么，更不用说语音中细微的毫秒级信息了。我们能否不通过孩子的直接描述，而是从生物学角度，找出他们能听到或听不到的声音差异呢？

听觉实验室

芬兰神经学家米克·山姆斯（Mikko Sams）观察了大脑对细微的声音变化（音调从 1 002 Hz 变为 1 000 Hz 时）的反应[5]。结果，失匹配负波测量证明了大脑能分辨出音调之间 0.2% 的差异。其实，通过刻意专注，人们是可以察觉到这些微小差异的。

后来，在脑伏特实验室，我们把区分差异的难度加大，使之变得更有挑战性。为了研究大脑听觉系统能否对“人们无论如何尝试都无法区分的细微差异”做出反应，我们创造了一些音节，让每对音节之间具有极其细微的声学差异，而这种差异无法轻易被识别。结果显示，尽管被试无法有意识地将差异区分开来，但就像海马“记住了”曾经看到的图片一样，听觉大脑可以将差异区分开来[6]。现在，我们有了满足第二个条件的研究大脑反应的方法，这个方法能反映出我们难以察觉的细节。

我们通过失匹配负波研究发现，正常孩子的大脑能区分出语音间最细微的差异，而存在语言障碍的孩子的大脑则无法对其进行区分。这揭示了有语言障碍的孩子在生物学上存在异常。我们推测，语言障碍可能是由于无法将微妙的声音与其含义联系起来而造成的。如果真的如此，那么就可以通过强化听觉大脑来引导语言能力发展。

大脑能或不能区分某种声音特征，并不是一成不变的定论。和其他系统一样，我们可以通过训练来突破界限。如果我们一开始无法区分给定声音的差异，但之后训练自己去区分它们，结果会发生什么呢？失匹配负波会随着学习而发生变化吗？脑伏特实验室的研究生凯利·特伦布莱（Kelly Tremblay）通过教人们辨别母语中不会出现的声音，对这些问题进行了研究。一开始，英语母语者无法分辨出那些能被其他语言者轻而易举分辨出的声音，而经过训练，他们的大脑在有意识地辨别声音之前，就开始表现出能区分声音的迹象了[7]。

或许，我们可以用类似的方法治疗存在语言障碍的孩子。由于客观地监测孩子身上发生的变化是可行的，因此，我可以探测孩子的听觉大脑是否发生了适当的改变，即使这些改变尚未表现在孩子的行为上。当我每天早上弹钢琴时，我认为大脑在学习，即便今天弹的旋律听起来并不比昨天弹的好，但一想到手指最终会跟上大脑，我就备受鼓舞。

虽然失匹配负波推动着我对大脑加工声音的思考，但这种方法并不完美。第一，与眨眼、肌肉紧张或清嗓子相关的电活动，很容易掩盖我们感兴趣的脑电活动。所以当我看到负波出现时，有时我无法说服自己：我看到的是大脑对声音的反应，而不是人在吸鼻涕，因为失匹配负波的慢波与其他电信号可能会混杂在一起。脑伏特实验室就此发表了一篇论文，题为《这真的是失匹配负波吗？》（*Is It Really a Mismatch Negativity?*），该文专门探讨了从背景噪声中提取失匹配负波的策略[8]。第二，使用失匹配负波会拖慢工作进度，因为它只占某件事发生时间的一小部分。如果每 10 个声音中只有一个会引起大脑反应，那么要记录它就不可避免地要花很长时间。对于儿童研究和临床工作而言，这是不切实际的。第三，由于失匹配负波主要是由缓慢的大脑活动组成的皮层反应，它无法反映声音中许多固有的快速变化的要素。**失匹配负波只能表明大脑检测到了音景中的一种偏离性神经活动，而无法解释大脑对组成声音的多种要素是如何做出反应的，而且通常这些声音要素有慢有快。**因此是时候继续前进了。

第二步：处理声音的要素

在 20 世纪和 21 世纪之交，我开始对脑伏特实验室进行革新，这对我们的工作至关重要。一直以来，我们都在用头皮脑电测量人类对声音的反应；同时，我们在一项平行研究中测量了豚鼠大脑听觉结构的神经活动。我们继续使用我在第一次兔子学习实验中所用的方法。如今，是时候把过去和现在联系起来了。

听觉实验室

实验室中的博士生坎宁安、辛迪·金（Cindy King）、布拉德·威布尔（Brad Wible）和丹·艾布拉姆斯（Dan Abrams）记录了豚鼠大脑皮层和皮层下结构的信号。通过对豚鼠施加语音刺激，他们在豚鼠中脑、丘脑和听觉皮层中获取了清晰的反应信号，且在每个结构中都发现了快和慢的活动模式。此外，我们也注意到了一些其他事情。在记录豚鼠大脑深部结构信号的同时，我们在其大脑表面保留一个电极，将从其大脑内部活动中获得的信息与从外部测量到的信息联系起来。这个电极与我们在人体上使用的电极并没有太大的不同，我们能很清楚地看到复杂声波中声音要素的表现。就像我们从豚鼠中脑和丘脑提取到的反应信号一样，头皮表面记录的脑电波信息丰富，足以用来进行分析，且能从中确定刺激声音是音节 ba 还是 pa 的音，是元音字母 a 的音还是元音字母组合 oo 的音，这种方法既快捷又实用。用头皮电极可以测量到个体大脑对单个语音音节所做的反应，这揭示了声音加工的生物学过程中包含有大量的独立因素，因为声音中对我们重要的所有要素，如音高、扫频以及谐波，对构成声音来说都举足轻重。

对此，我与团队以及长期合作伙伴特蕾丝·麦吉（Therese McGee）进行了讨论。我们一致认为，这种记录过程能满足我的另一个要求，即能利用大脑丰富的解剖结构和基础生理结构，揭示听觉大脑是如何加工声音要素的。这种方法值得深耕，它让我回到了对一直以来给予我安全感和灵感的信号的研究上。

这种大脑活动被称为频率跟随反应。频率跟随反应虽然并不是新发现（20 世纪 60 年代首次发现）[9]，但其实它不仅可以用来甄别声音要素（通常是音高），它的其他功能到后来也受到人们的重视。即使在 20 世纪 90 年代，人们开始使用更复杂的声音时，也仍然使用频率跟随反应来标识大脑如何加工声音的基频成分[10]，即声音的或快或慢的要素，当然，这只是构成声音世界的诸多成分之一。我们认为，频率跟随反应也可以反映大脑是如何处理丰富的声音细节的，而这正是我们理解声音所需要的。事实上，大脑的反应是极其精确的，在物理层面上，它与引起它的声波是类似的。在大脑的反应中，我们可以观察到详细的声音要素（见图 4-1）。

大脑对声音的大多数反应，并不能揭示大脑是如何加工声音要素的。这类似于胆固醇测量。高胆固醇是动脉粥样硬化的预测指标，但胆固醇水平并不是动脉壁狭窄程度的实际量化值。就像测量胆固醇一样，功能性磁共振成像和许多神经生理反应有助于我们推断出体内可能发生的一些情况，但无法精确地反映动脉斑块大小。实际上，声音引发的大多数生理上的反应都无法反映音高、音色、响度和动作是如何协同工作的；在图像上，它们看上去只是一些抽象的凸起和尖峰，而大脑的反应可能与声音本身极为相似。现在，想象一下这样的场景：我们可以直接测量不同个体处理独一无二的声音要素的方式。利用频率跟随反应恰好能实现这一目标，它可以帮助我们抽丝剥茧地从抽象的外表中获得生物学指标。与其他生物学反应相比，**频率跟随反应能近乎一对一地表征大脑的声音加工过程，这可谓前所未有的突破。**

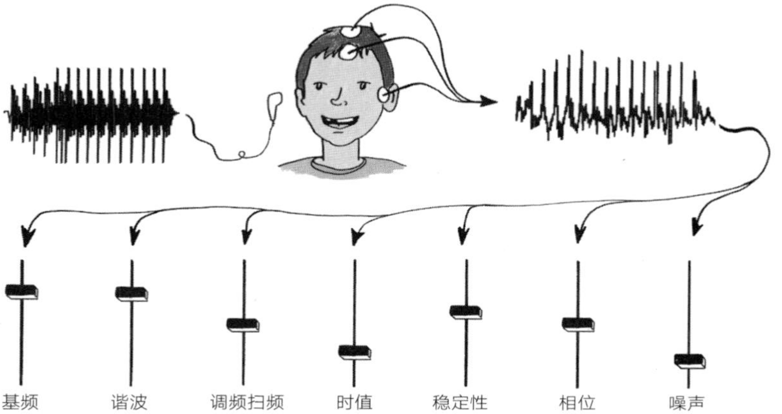

图 4-1　声音要素加工示意图

声音通过耳机传递到耳朵。头皮电极采集大脑对声音的电活动反应。脑电波类似于声波，能反映大脑是如何加工声音的不同要素的。上图形象地描绘了大脑对每种声音要素的加工。

为了研究听觉大脑是如何理解声音的，我特地使用了一些有趣的声音，如演讲声、音乐、掌声、犬吠声和婴儿啼哭声等。与使用频率跟随反应捕捉基频不同的是，现在我对所有这些声音都一视同仁，用明确定义的信号来标示它们。这些信号可以清晰地表明唤起反应的是语音、犬吠声还是哭泣声，这样一来，信号可以代表大脑对声音的精确编码。

我们可以看到，大脑在处理每种声音要素上有多优秀。加工声音要素的方式并不都像音量旋钮那样，而更像一个混音器：每种基本声音要素的加工都只表征整个事件的部分工作。声音要素在混音器上的差异显示了特定人群所受的个体性强化或限制情况，这种个体特异性来自人们与生俱来的特征及他们此前的声音经验。

回放“大脑之声”

因为脑电波与声波相似，所以，我们实际上可以“回放”大脑对声音的反应活动，然后倾听来自大脑的“声音”（见图 4-2）。我们记录了大脑对许多声音的反应，包括几个八度的音符，这样我们就可以将大脑对每个音符的反应复刻成“大脑琴键”。当我们播放“大脑之声”时，可以顺利地听到每个人是如何以自己独特的方式处理相同音符的。有时候，我会与一位音乐家同台演出，然后欣赏钢琴大师演绎美妙的“大脑琴曲”。

图 4-2 播放大脑之声

麦克风将声波转导为电信号，再通过扬声器播放出来。同样地，人听到声音后，神经元会放电，并在大脑中产生可被扬声器播放的电信号。而当声音变成波形后，脑电波的响应频率听起来很像原来的声音，尽管它听上去比较低沉。

还有一个关于艺术与科学交织发生的故事。我曾经有幸与歌剧演唱家芮妮·弗莱明（Renée Fleming）同台演出。在台上，当弗莱明演唱着安东宁·德沃夏克（Antonin Dvorak）动人的捷克歌剧《水仙女》（*Rusalka*）中的篇章《月亮颂》（*Song to the Moon*）时，我坐在她旁边的钢琴凳上，静静地聆听。当她演唱完后，我不得不抚平心弦，慢慢地起身，走到舞台中央，再次沉默良久。我深深折服于强大的声音力量。而恰巧那天晚上，我的工作正是解释当音乐打动我们的心灵时，大脑会发生什么。

我一直在不遗余力地用艺术雕琢着科学。在我的教学和演讲中，我喜欢用插图来帮助人们理解科学思想，并强调科学的内在之美赋予了我们一种超然的感受。此前，我的儿子就读的中学曾举办过“妈妈的工作是什么”艺术展，展示了科学与艺术的结合（见图 4-3）。

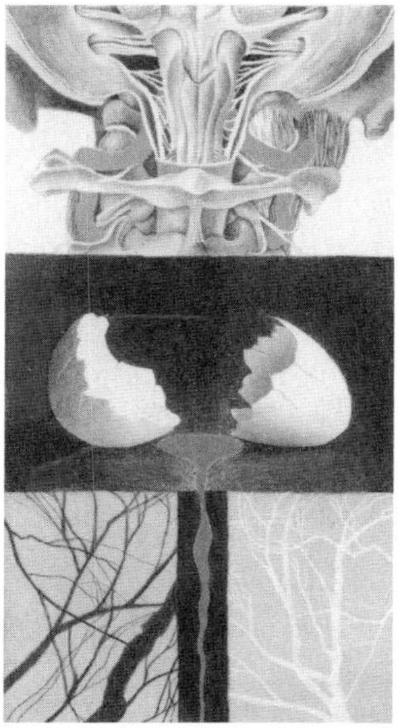

图 4-3　科学和艺术的结合

1997 年前后举办的“妈妈的工作是什么”艺术展中的作品。

每个人的声音反应都是独特的生物指纹

听觉实验室

当我正在研究如何从频率跟随反应中提取声音要素，以理解存在语言障碍的孩子的声音加工过程时，拉维·克里希南（Ravi Krishnan）的一份报告给了我当头一棒。从频率跟随反应上可以看出，说汉语的人的大脑在音高追踪方面异常出色，而说英语的人的大脑则表现较逊色[11]。说汉语的人的大脑为了适应语言中的声调变化，已经提升了音高追踪功能，这是说英语的人所缺乏的能力。这种精确的、针对语言的处理方式已成为说汉语的人的习惯，使得他们的大脑即使在睡眠中也能保持这种功能。

显然，说汉语的人一生中都在将母语进行音与意的联结，这不断地磨练着他们的音高感知能力。此外，实验还揭示了一种行为机制，即经历可以改变声音处理方式。克里希南在报告中并未提及哪个大脑区域有“激活”的现象，他没有观察大脑的血氧水平变化，没有观察脑电波中的负向变化，也没有观察声音起始时大脑的瞬时反应。不过，他描述了大脑对声音中某个独立成分的编码特性，揭示了两组听者在音高追踪方面的显著差异。换句话说，频率跟随反应清晰地反映了听觉大脑中正在发生的情况，而声音要素就藏在神经反应中。

说汉语的人在追踪一段音节（持续约 200 毫秒，在语音信号中算是很长的时间）的音高方面表现出色，相比之下，有语言障碍的孩子在处理快速线索方面存在困难，如处理“辅音转换为元音”这一事件（扫频只会持续一小段时间）。那么，频率跟随反应是否足以辨识这种快速变化的声音要素呢？以及语音中的所有要素呢？答案是肯定的，因为频率跟随反应在大脑皮层和皮层下结构中的表现相同，并不会受到速度的限制；而速度上的局限性会阻碍大脑皮层上的失匹配负波以及更缓慢的功能性磁共振信号的反应。

为了理解音高之外的其他声音要素的处理过程，我们进行了诸多研究。使用频率跟随反应来衡量音高（基频）由来已久，但仍没有人尝试用这种方法来衡量调频扫频和谐波等声音要素。幸运的是，正如我们所看到的，声音信号本身和大脑对声音的生理反应信号颇为相似，这为我们提供了一条合理且直接的研究分析途径。在信号处理领域，提取调频扫频和谐波要素以及进行时间序列和噪声量化分析的技术已十分成熟，我们需要做的，就是把这些方法应用到神经生理学上。我的团队学习了这些技术，并将它们应用到这种新的信号上，就像给混音器安上音量旋钮一样，解锁了频率跟随反应的“洪荒之力”。在过去的几年里，我们已经细化了分析方法步骤，也发表了一些讲解步骤的教程[12]。现在，我们可以用这些方法来比较大脑内部信号（脑电波）和大脑外部信号（声波）了。我们可以监测到与声波非常接近的脑电波，甚至能观察到二者的相似之处。与我早期在兔子身上做的微电极实验以及几位博士生在豚鼠身上做的微电极实验相比，这种方法的精确度也相当高。从声音和信号出发来研究人类的听觉过程，如同用灵敏的手指精确地把握听觉过程的脉搏，一切都得心应手。

频率跟随反应反映了大脑听觉系统与声音相关的经历。我们率先研究了经历和异常体验对声音要素处理的影响，并理解了在声音世界中，经历是如何改变我们对特定声音要素的默认生理反应的。混音器的比喻为我们理解不同人群的潜在优缺点以及生活经历可能对声音加工产生怎样的影响，提供了一种方法。

其实，每个人对声音的反应都是独一无二的。而现在，个体间的细微差异是可测量、可观察甚至可听到的。**一个人在声学方面的经历可以通过他对声音的反应，即他的生物指纹来描述。**

认识听觉处理中枢

当我们以耳—脑层级化传输的观点来理解听觉系统时，很难想象中脑（频率跟随反应的源头）是一个丰富的、分布式的、双向系统的核心中枢。中脑似乎只是从耳朵到大脑这一听觉通路上的一个中继站而已。

脑伏特实验室的理论研究进展帮助我们理解了中脑是一个信息中枢，而不仅仅是耳—脑通路上的一个站点（见图 4-4）。听觉通路是一个回路，而且大脑皮层下的听觉中枢也不仅是声音的硬件线路。**听觉中脑是认知、感觉、运动和奖赏网络的中心，也是不断进化的、分布式的声音加工神经基础的核心。**

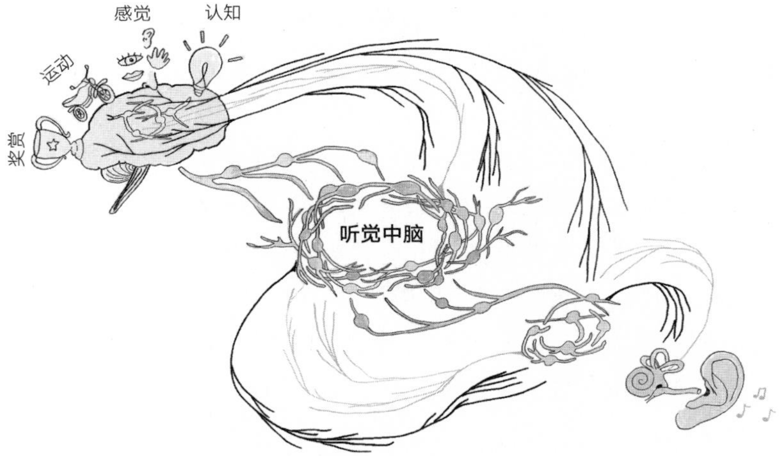

图 4-4 学习塑造了一个灵活的听觉系统

声音加工方式会快速地变化，以满足处理过程的即时需求。这些变化源于传出通路（用黑线表示），最终影响听觉传入通路（用灰线表示），且会发生永久性改变，从而形成一种新的默认状态。这就是声音记忆的储存方式。

中脑可以揭示声音加工的复杂性，但在一定程度上，这方面的观点被日益普及的功能性磁共振成像技术遮蔽了。功能性磁共振成像技术能以令人满意的可视化方法揭示大脑皮层活动，因为想要理解大脑是如何赋予声音含义的，就必须关注大脑皮层。而频率跟随反应则可以非常精确地探测大脑皮层下的声音加工过程，由本及末，为探索听觉大脑整个声音加工网络中的活动提供了有用的信息。打个比方，如果你感到背痛，最终可能会发现原来是由你的膝盖问题引起的。同样地，尽管频率跟随反应主要来自中脑，但不应被解释为中脑反应，因为中脑只是整个反应中的一部分。

在神经科学和哲学领域，人们经常讨论的一个话题是“绑定问题”(binding problem)。事实上，这个问题探讨的是，在长期经验积累的基础上，大脑如何协调所有的输入信息（视觉、听觉、嗅觉、味觉和触觉）并使之成为一个整体[13]。也就是说，不断积累的感觉输入组合是如何使知识得以产生的，如“我的电话响了”或“我听到我哥把车开上了小路”。这种必要的统一性是从何而来的？答案是，**大脑以某种方式收集信息并将其“捆绑”成一种统一的知觉。**

V. S. 拉马钱德兰（V. S. Ramachandran）曾描述道：“有的人认为大脑是由许多独立自主的模块组成的，事实却与这一理论截然相反：组成大脑的模块就像一个互相协作的战队。”正如伊恩·麦克吉尔克里斯特（Iain McGilchrist）所说，“经验不仅仅是最高层次上的拼接……感知的出现，是感觉的不同层次之间，甚至是不同的感觉之间，信号相互耦合共振的结果。”[14]皮层下结构完成了许多将大脑功能模块进行整合的工作[15]。听觉中脑可以从其他感觉系统以及分散却互联的边缘系统和认知系统中，获得充足的信息输入，这个过程是通过学习实现的，且已经转化为一种自动的过程。因此，通过频率跟随反应，我们可以揭示大脑是如何将听觉的多个维度结合在一起的。

众所周知，**学习，即给声音赋予含义，会改变声音加工的方式**。首先，我们会发现某个声音具备某种含义，然后，听觉系统会发生重塑，从而更有效地处理这个声音。包括听觉中枢和其他中枢在内的大脑特定中枢共同作用，构成了中脑的默认反应特性。事实上，频率跟随反应远不止反映听觉结构的活动[16]，因为听觉大脑规模巨大。听觉通路内外的特定大脑中枢各司其职，同时又在更为广泛的神经网络层面上相互关联、共同作用。频率跟随反应绘制了大脑加工声音的功能图谱，并提供了整个听觉大脑编码声音要素的功能概览。

为声音加工寻找一种可靠的生物学解释，是我研究听觉大脑过程中的重要一环。在这个过程中，我在独立的、装配线式的大脑中心之外找到了声音加工的方式；我还找到了一种方法，即用感觉、认知、运动和奖赏网络来探索广阔的听觉大脑，并更全面、整体地思考我们在声音世界中的生活[17]。或许，这些科学探索可以让我们略微了解到，科学家是如何建造出坚实的科学研究世界的。**我们经历的一切巩固了我们在已知领域的知识堡垒，同时又与未知世界相连，而且回过头来又帮助我们增进了对听觉大脑的理解。**

OF SOUND MIND

第二部分

声音如何塑造了我们

第 5 章

音乐，知觉、思考、运动和感受的集大成

音乐家独特的大脑结构

一位参与过对贝多芬尸检的医生曾表示：“贝多芬大脑中沟回的数目和深度，均是一般人大脑的两倍。”舒曼的大脑也不同寻常，他的医生记录道：“（他）整个大脑严重萎缩。”[1]

听觉实验室

20 世纪初期，德国外科医生西格蒙德·奥尔巴克（Sigmund Auerbach）对一些音乐家的大脑结构开展了系统性研究。此时正值西方传统医学向现代医学的过渡时期，仍流传着“大量食用葡萄可以治愈癌症”[2]、“为男性移植山羊睾丸可以治疗阳痿”等说法，奥尔巴克则坚持采用科学的方法进行研究。在一些著名的音乐家离世后，奥尔巴克对他们的大脑进行了检查，结果发现这些音乐家大脑颞叶区域（包括部分听觉皮层）的面积比普通人的更大[3]。之后，奥尔巴克在癫痫与脑瘤的治疗领域做出贡献的同时，也进一步总结出，大脑颞叶区域是形成音乐技能的关键脑区。这些发现启发了很多的后续研究，证实了音乐家与普通人具有结

构迥异的大脑，二者的听觉皮层[4]、躯体感觉皮层[5]、运动皮层[6]、胼胝体[7]、小脑[8]、皮层区域之间的白质束[9]以及连接大脑皮层和皮层下区域的白质束[10]，在结构上都存在显著差异。

尽管贝多芬等一众音乐家的大脑具有不同寻常的沟回和其他独特的大脑结构，但我们并不知晓这些特殊的结构对音乐家大脑的运作有怎样的影响。**大脑功能的差异往往比大脑结构的差异更重要。**音乐家的大脑皮层对乐器的声音会产生更强烈的反应[11]，他们能轻而易举地注意到乐声模式的改变以及失和弦的音与走调的音[12]。例如，摇滚吉他手的大脑对强和弦会产生强烈的反应[13]，此外，很多声音要素在音乐家大脑中都会得以加强，比如和声谐波、时值、扫频等，对此，我们将在后文进行详细介绍[14]。

音乐汇集了大脑的感觉、运动、情感和思维

脑海中乐声翻涌，是大脑的认知系统、运动系统、奖赏系统和感觉系统等神经网络共同作用的结果[15]。音乐以其卓越的特质调动着这些神经网络，开辟了一条以声致学的有效途径（见图 5-1）。

感觉：听觉

音乐训练可以改变大脑对声音的自然反应方式，也可以改变基础的听觉感知功能，让人类进化出能“声”临其境的大脑。

听觉实验室

玛丽·特瓦尼米（Mari Tervaniemi）最早描绘出了音乐家与普通人之间，以及不同类型的音乐家之间，在声音加工时，其神经反应上存在的差异[16]。如果演奏一段五音符旋律，

如“嘀嗒嘀嗒嘀、嘀嗒嘀嗒嘀、嘀嗒嘀嗒嘀”，然后改变旋律为“嘀嗒嘟嗒嘀”，此时，即便聆听者自己没有注意到旋律的变化，其大脑也会自动捕捉到这种变化，并产生失匹配负波信号。特瓦尼米发现，相比于普通人，音乐家对新奇旋律的反应更为强烈[17]，她还进一步证实了音乐家的大脑对音高、音色、音长、音强、粗糙度、声源位置及和声方式都更为敏感[18]。

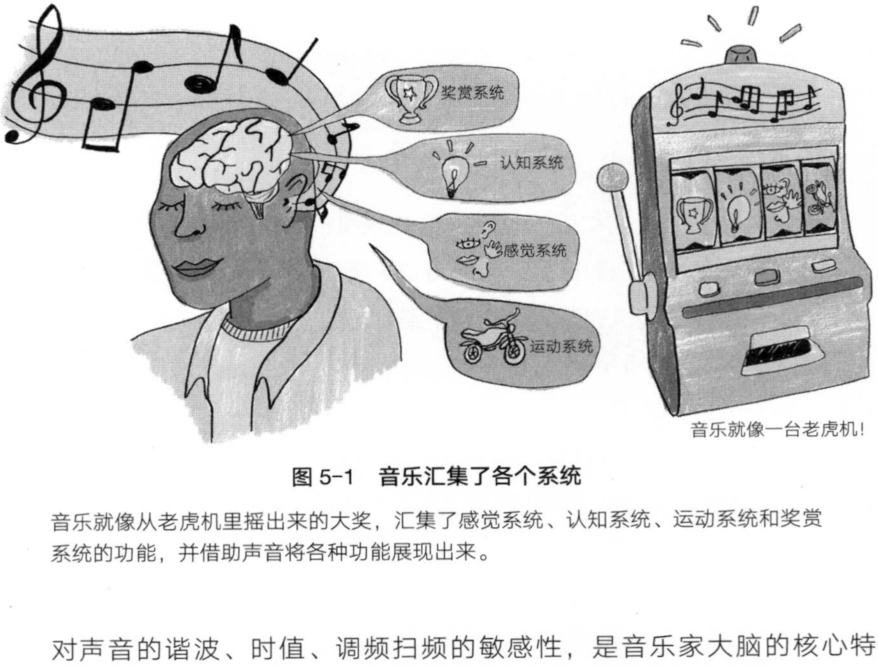

图 5-1 音乐汇集了各个系统

音乐就像从老虎机里摇出来的大奖，汇集了感觉系统、认知系统、运动系统和奖赏系统的功能，并借助声音将各种功能展现出来。

对声音的谐波、时值、调频扫频的敏感性，是音乐家大脑的核心特质（见图 5-2）。音乐训练强化了听觉大脑。这种强化作用贯穿生命始终，并随时间的推移不断地积累[19]。值得注意的是，这种作用改变了大脑对声音的基本反应方式——不仅对于音乐而言是这样，对语音来说更是如此。

图 5-2 音乐训练的强化作用

音乐训练能强化大脑对声音的处理功能。音乐家的优势是通过毕生训练积累起来的。

人们常常会问我两个问题。第一个问题是:“如何定义音乐家?”也就是说，多长时间的音乐训练足以影响听觉大脑?答案是进行频繁的训练。事实上，我们所说的音乐家不必是熟练精通音乐的人，这里的“频繁”也只是每周几次、每次半小时而已。

第二个问题是:“我们演奏的是哪种乐器是否重要?”答案既重要也不重要。“不重要”是说，大脑能对时值、谐波和调频扫频进行更好的处理，这种特质并不取决于演奏的是哪种乐器，也不取决于怎样发出声音;而“重要”是说，如果频繁演奏某种乐器，那么这种乐器的声音就能在听觉大脑中得到绝佳处理。脑影像研究显示，小提琴手和小号手的大脑听觉皮层会各自对所演奏的乐器的声音，进行偏好性地编码[20]。对比小提琴手与笛手的大脑，也得到了相同的印证[21]，且除了听觉皮层之外，中脑也参与了声音要素的处理。如图 5-3 所示[22]，钢琴的乐声在钢琴家的脑中被强化，巴松管的乐声在巴松管演奏家的脑中被强化，诸如此类，不胜枚举。此外，指挥家具备独特的声音定位能力，能分辨出来自房间所有角落的声音[23]。

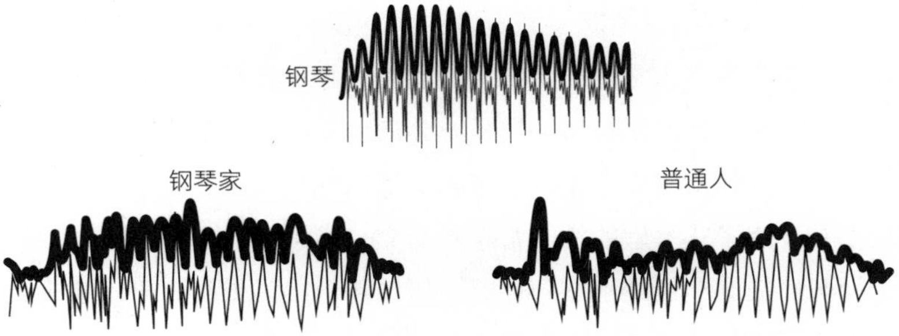

图 5-3 音乐家与普通人听觉系统的差异

音乐家大脑的听觉系统对其本人演奏的乐器发出的声音有极好的反应。

感觉：听觉与视觉交互

演奏音乐时，从观察乐队给予的提示到依从指挥的指令，再到读谱，都会看到听觉与视觉间的密切关联。音乐训练不仅能加强大脑加工视觉信息的能力，还能让大脑将听觉信息和视觉信息紧密结合。

大学生鼓乐队中通常包括打击乐手、铜管乐手和旗手。旗手虽然不参与乐器演奏，但却以错综复杂的动作挥舞着队旗、步枪、指挥棒和军刀，为音乐加入了视觉信息，并呈现出与音乐同步的视觉艺术效果。旗手通常都训练有素，可以精准地把握抛、接队旗的时间，并能让队旗在空中旋转特定的圈数。除此之外，他们还能与数十位队员同步完成这些动作。也许有人会认为，旗手的视觉技能更佳，但事实并非如此。冠军旗手的视觉技能并不比打击乐手和铜管乐手出色，尤其是与打击乐手相比[24]。也就是说，相比于动作本身的直接经验，日积月累的乐曲练习对提升视觉时间分辨能力的影响更加明显。

当听到某种乐器（如大提琴）演奏出的音符声时，大脑听觉系统会产生与大提琴声音相似的电信号，即频率跟随反应。无论是听到大提琴的声音还是看到别人拉大提琴，大提琴演奏家的大脑反应都更迅速、更丰富且更强烈。在音乐家与普通人之间，大脑层面的差异会随着视觉输入的增加变得更明显[25]，这表明，**听觉系统与视觉系统会在音乐中交互融合，并精细地调节视听功能**。脑伏特实验室在研究“音乐训练如何影响听觉大脑”时阐述了这些发现，并发表了实验室的第一篇学术论文。虽然我们对音乐家对音乐具有更强的视听反应这一点并不感到惊讶，但让我们始料未及的是，音乐家的大脑对语音的视听反应较其他人也更强。与对大提琴声音的反应类似，在同时聆听和观察一个人讲话时，大脑同样会产生频率跟随反应。

加布里埃拉·穆萨基亚（Gabriella Musacchia）是位小号手，他与我们在芬兰的合作者——米可·山姆斯（Miko Schams，他同时也是一名吉他手）一起组队，在纽约创办了一个少儿鼓乐队项目，继续开展上述研究。

运动：听觉与运动交融

“注意你的手指！”钢琴老师的话再次在我耳边响起：“移动手的时候要放松、找准位置，这样弹出来的音乐才好听。”

罗伯特·查托雷（Robert Zatorre）是音乐训练影响神经系统研究领域最高产和最具影响力的科学家之一。他的团队发现，当人们聆听音乐时，即使不移动身体，也会激活大脑运动皮层[26]。而音乐家甚至可以只通过想象演奏乐器的场景让运动系统得以激活[27]。这说明听觉系统和运动系统是紧密联系的，尤其是对演奏乐器的人来讲。

右利手的人在日常生活中会优先使用右手进行书写、刷牙和处理其他事务，他们的运动皮层会发展出不对称的运动定位拓扑图[28]，尤其是左侧运动皮层（控制右侧肢体）更为发达；而左利手的人的右侧运动皮层则更为发达。

然而，专业打字员的双手因为经过了精细的技能训练，他们的大脑具有双侧对称的运动皮层，原因在于其控制双手的脑区都受到了训练的影响[29]。

演奏小提琴等弦乐器的人的运动系统与打字员截然不同，前者的运动系统呈非对称模式。小提琴家必须具备十分敏捷的左手，以便快速、独立地控制手指动作，精确地按到正确的位置上，这样才能拉出正确的音符。他们的右手当然也是活动的，但其右手的动作不需要精确和独立的手指运动来完成。如此一来，科学家就有了理想的研究对象，即可以对被试自身进行条件控制对照。

听觉实验室

研究人员对照研究小提琴家的左手和右手手指，观察与之分别对应的运动皮层和躯体感觉皮层在功能定位拓扑图上的异同。结果发现，在小提琴家的大脑中，控制左手手指的大脑皮层面积更大，延伸到了原本控制手掌的区域，而控制右手手指的大脑皮层区域则没有出现类似的延伸现象[30]。此外，左手手指区域的延展面积还与练琴时间相关。这或许可以证明，在练习小提琴之前，并不存在由基因决定的左手脑区面积较大的现象。

音乐训练如同一场打靶训练，靶心代表的正是我们期望的那个声音。在这个过程中，我们需要不断地比较当前产生的声音和目标声音的差异，并跟随听觉环境中的时间线索，如节拍器或来自其他人的声音信息，不断地协调自己的动作。**声音与运动相互协调，构架出非语言形式的思维和知识——这正是大脑运作的模式。**

情感：听觉与奖赏交织

有时候，我早起时会感到情绪低落，但只要弹会儿钢琴就能感到备受鼓舞。之后，我骑上自行车去工作时，心情也会豁然开朗。

音乐是情绪的语言[31]。歌谣往往是父母与婴儿之间最早的沟通方式，大量可靠的科学研究都证实了音乐与情绪之间存在关联。比如，情绪变化会引起特定的生理反应，如皮肤电导率（出汗会引起变化）、面部表情、心率、血压、呼吸频率和体温的改变，而音乐同样可以诱发这一系列反应[32]。

音乐可以激活大脑的奖赏回路，而调控情绪主要依靠大脑的边缘系统，包括杏仁核、伏隔核和尾状核等神经核团[33]。聆听令人愉快的音乐会诱发情绪，并激活情绪相关的大脑区域，这些区域与食物、性、金钱和成瘾药物激活的大脑区域是相同的[34]。

听觉实验室

查托雷的实验室曾做过一项令人叹服的研究，发现人们在期待音乐高潮到来时，以及正在享受音乐高潮时，其边缘系统中的多个分区均释放出了多巴胺[35]。这说明，不但音乐本身可以诱发情绪，仅仅是对音乐的期待同样也能诱发情绪。离家后的思乡之情像一根绷紧的风筝线，连接着远方和家乡，音乐也是如此，它们让我们时而可以在远方盘旋飞舞，而最终仍能回到原点。在另一项关于情绪与音乐的研究中，研究人员要求被试先听一段此前从未听过的音乐，继而评估他们愿意花多少钱再听一遍。结果显示，被试首次听时，其边缘系统的激活程度能预测他们接下来愿意付多少钱[36]。

有的人本身不喜欢音乐，或者最多是对音乐兴致平平，这种情况称为“音乐快感缺失症”。这些人对其他事物，如性、食物、药物和金钱仍有兴趣，也就是说，他们并不是因为抑郁或经历了某些不利状况而对很多事物兴趣索然，他们只是不关心音乐而已。这与他们对音乐的生理反应缺失有关，比如通常会伴随愉悦情绪而发生变化的皮肤电导率和心率，在他们听到音乐时却不受任何影响[37]。患音乐快感缺失症的人在聆听音乐时，其大脑边缘系统的活动程度较低；而当他们赌钱时，其边缘系统却出现了明显的激活反应[38]。

当我们与能牵动我们情感的人讲话时，即便尚未确定听到的具体内容是什么，对方发出的声音也能引起我们的反应。这是因为，长时间以来，我们已经建立起声音与（情绪）含义的联结。在脑伏特实验室，我们对音乐家的听觉大脑是否对带有情绪的声音（如婴儿的啼哭声）更为敏感进行了研究。我们发现，音乐家对哭声中携带情绪的谐波成分具有更好的音感；而普通人则倾向于关注音高（基频）成分，甚至在区分音高成分的方面，比音乐家更胜一筹[39]。相比之下，音乐家的大脑会集中力量，竭力对哭声中最具意义的部分做出反应（见图 5-4），这部分信息有助于我们了解婴儿是需要妈妈了还是需要自己先哭一会儿。

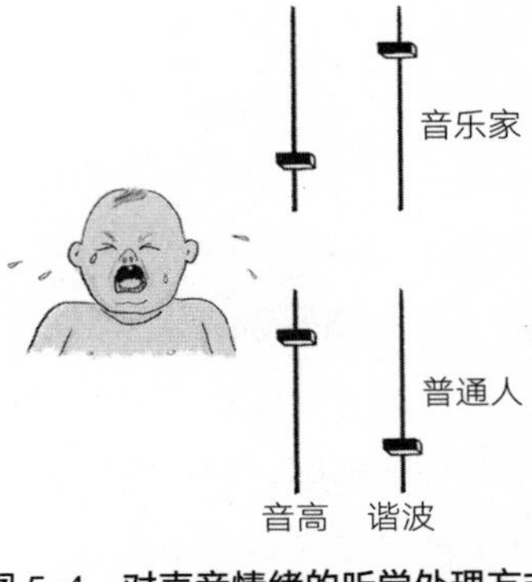

图 5-4　对声音情绪的听觉处理方式

普通人的大脑专注于基频，而音乐家的大脑则关注谐波。

思维：记忆和注意的交融

从我的孩子身上，我学到了很多。我的第 2 个儿子现在 30 多岁了，是位出色的钢琴家。在他 7 岁时，我注意到他可以脱稿演奏，于是我问他：“宝贝好棒啊，你都记在心里了？”他毫不迟疑地回答说：“不，妈妈，是记在脑子里了！”他真是一语中的。

用心，呃，用脑演奏音乐需要集中注意力，也需要具备优秀的记忆力。我们需要记住发声方式、乐谱、指法、音符名称、音乐术语和听众的音乐预期如音高、转调、主题及和声关系等。有较好的记忆力可以让我们抓取一个片段进行演奏，甚至可以任意选择演奏的起始位置或默弹。当然，注意力也是不可或缺的，有了注意力，我们就能追踪演奏的声音，并根据需要即时做出调整；还可以配合乐队成员的节奏和力度变化，专注于乐谱，屏蔽声音干扰，关注指法、弓法、管乐器吹奏法或气息控制法，并能忍受长时间的练习。

音乐训练可以锻炼人的注意力和记忆力，而且同其他技能一样，音乐训练同样会熟能生巧。所以说，音乐训练是提升认知功能的好方法，这是很有道理的。

你在阅读本书时，之所以能轻易地理解书中词句的含义，是因为你的工作记忆发挥了效用。你需要记住刚刚读过的内容，以便理解正在阅读的内容。同样，与他人交谈时，你必须紧跟谈话内容，这样交谈起来才有意义。这些都离不开工作记忆。对听觉工作记忆的评估通常会要求被试有条件地回忆一串词汇，如先听一串动物的名称，但只复述其中哺乳动物的名称，或者将听到的词汇按某种次序重新排序再复述出来。

音乐家通过观看演奏（视奏）和听他人演奏（听奏）的方式学习乐曲时，关键的一点在于，他能否在自己的大脑中建立一些目标声音的模型，用来解构演奏乐曲时遇到的复杂的物理特征。总体来讲，相比于普通人，音乐家在进行言语记忆[40]、工作记忆[41]和序列记忆[42]等任务上更具优势（见图 5-5）。

在注意力方面，音乐家通常也比普通人表现得更好[43]，比如进行任务切换，或对目标声音做出反应的同时，屏蔽会分散注意力的其他声音。有时候，我们凭借注意力能只关注某个说话的人，同时忽略其他说话的人。

许多研究表明，与普通人相比，音乐家的大脑中负责以上功能的区域会被优先激活[44]，因为与听觉大脑密切相关的听觉注意力和工作记忆功能，与一些关键声音要素的生物加工过程系统地联系在一起[45]。

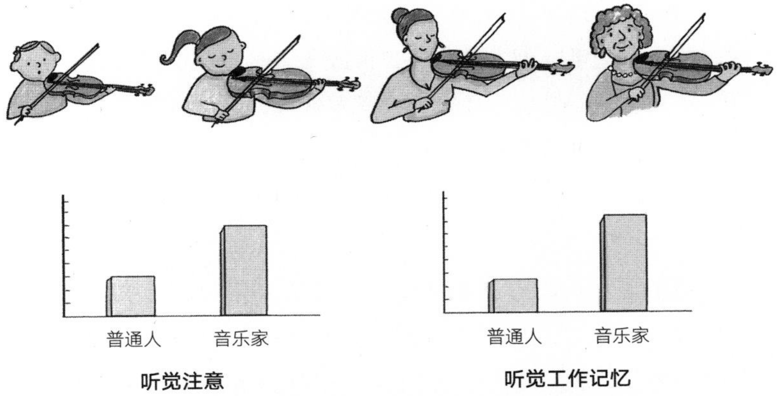

图 5-5　音乐家在听觉注意和工作记忆方面的表现优于普通人

思维：创造力

即兴创作是创造力的产物。内科医生兼音乐家查尔斯・利姆（Charles Limb）利用磁共振成像对即兴创作的音乐家的大脑进行了观察，他发现，音乐家额叶皮层的大部分区域变得不那么活跃了[46]，而这些区域通常负责监督和规范人的行为。即兴创作时，需要将自己从有意识的推敲中抽离出来，但也要建立在积年累月有意识的练习上。著名作曲家赫比・汉考克（Herbie Hancock）曾说，他的人生经历决定了他在音乐创作中的取舍，但他也指出，“音乐的实际表达形式，常常完全出人意料。”[47]

音乐创作可以说是培养注意力、工作记忆和创造力等认知功能的最佳途径之一。值得注意的是，这些优势不仅体现在音乐上，也体现在其他方面，尤其是言语方面。

音乐的治愈力

泰德·乔亚（Ted Gioia）在他的《治愈之歌》（*Healing Songs*）一书中[48]，谈到了法国的一群僧侣。因为梵蒂冈二世颁布了吟唱禁令，这些僧侣的身心健康受到了影响。他们变得无精打采，脾气暴躁，且常感到疲惫不堪。身体健康也受到了损害，发病率飙升。后来，吟唱活动恢复之后，他们又恢复到健康安乐的状态。

音乐训练的过程可以抑制抽动秽语综合征患者的非自主抽动[49]。奥利弗·萨克斯（Oliver Sacks）曾谈及他观察到的一群抽动秽语综合征患者在一起敲鼓时的情景。他发现，一开始时，鼓声很混乱；经过一段时间后，患者起初不自觉的、不同步的动作，最终会同步成一种协调的节奏，就好像他们的神经系统紧密地联系在了一起[50]。另一个例子是乡村音乐歌手梅尔·提利斯（Mel Tillis），他说话时会结巴，但唱歌时却不会这样。

以上这些奇闻轶事证明了音乐与健康（包括精神健康和身体健康）之间的联系，而且这种联系由来已久[51]。音乐医学这一话题所涉领域众多，远远超出了本书能描述的范围。如今，音乐日益发展，并逐渐步入了主流医学领域[52]，已被用于治疗创伤性脑损伤[53]，帮助减轻战争和灾难受害者的压力[54]，以及缓解棘手的疾病带来的压力[55]。音乐可以减轻痴呆症患者的记忆损伤[56]，可以加强孤独症儿童[57]和其他语言发育迟缓或阅读障碍儿童的语言技能[58]。音乐也是一种治疗运动障碍的有效方法，已被用于治疗帕金森病[59]、脑卒中[60]、呼吸困难、吞咽困难和语言障碍等[61]。此外，音乐还可以训练失聪儿童更好地理解语言和运用语言的韵律[62]。如图 5-6 所示，音乐的广泛应用，被汇集在美国西北大学音乐医学会议的图标中。

音乐医学牵引着我们的听觉大脑，并与我们的运动、思维、感觉和情感建立了联系。**音乐通过将听觉大脑与这些重要的大脑功能相连，发挥出了强大的治愈能力**。如今音乐资源尚未得到完全开发，在医疗保健领域有着巨大的发展潜力，而听觉大脑在其中起着核心作用。

图 5-6 美国西北大学主办的 2018 年音乐医学会议的标志

第 6 章

内在与外在节奏的秘密

每晚睡觉前，丈夫都会读书给我听，而我们亲爱的玩具熊“燕麦”会坐在我们中间一起“聆听”。以这样的方式结束一天很美好，是平淡生活的点缀。我们会特意选择 E. B. 怀特（E. B. White）所著的经典儿童书籍，有时也会选“哈利・波特”系列，这样我就不用担心因为睡着而错过重要信息了。我注意到，如果某天我特别累，可能仅仅几分钟之后，词语的含义就会逐渐被声音掩盖。我开始听到声音和节奏，而不是单词和故事。重音的消长则成为一种平静、安宁、珍贵的经历，在漫长的一天过后，它们能抚慰我的内心，令我的精神得到调整。

我们为什么要关注节奏（节律）呢？因为它将我们与世界联系在一起，在听力、语言、噪声辨音、行走甚至人与人之间的情感联结中，它都发挥着重要作用。

节奏不仅仅是音乐的一个组成部分。不过，当我们听到“节奏”这个词时，第一个闪过脑海的词可能是“音乐”。鼓乐、爵士乐、摇滚乐、军乐，用木勺和大塑料桶进行的街头表演、鼓圈、节拍器、舞池炫舞、口技、念咒、吟诵、祈祷等，这些都离不开节奏。除了音乐，我们还能感受季节的节律变化，女性会有月经周期节律，有些人则有昼夜节律（身心状态的高峰和低谷循环）等。青蛙用有节奏的叫声来吸引配偶，也会通过改变叫声节奏发出攻击信号。潮汐、蝉鸣、月相、卫星的近地点和远地点等，则是一些自然节律。而在我们创建的人类世界中，网格化街道、红绿灯、农田、棒球场外修剪过的图案、厨房灶台的挡板、几何视觉艺术形式的空间图案等，是一些人造节律。

对一些人来说，保持节奏是近乎生理性的本能需要。例如，如果我和丈夫一起演奏音乐，但我在演奏过程中忽然停下来，那么丈夫就会发飙，他必须要让旋律继续下去。类似地，我在徒步运动上也有我的节奏，无论多累，即使我的速度变慢或体能耗尽了，我也会保持运动状态，一步跟着一步地挪动。

音乐和节奏在各种文化中都有着根深蒂固的影响[1]。试问哪位父母不曾用有节奏的摇晃来安抚哭闹的婴儿呢？重复的声响与静默组成的节奏模式可以让舞蹈者随之律动，还可以帮助人们记忆和重现音乐，并能协调集体演唱、演奏或击鼓。数千年来，**节奏一直是联结社会成员的关键，**比如宗教的圣歌演唱和军乐队的表演。对于几千年前的诗歌作品，如《荷马史诗》里的作品，我们可以通过有节奏地吟诵或歌唱加深对作品的记忆[2]。在某些情况下，为重复或复杂的工作配上节奏，既能打破单调，也能帮助人们更好地完成工作。从事采石等重体力劳动的工人会喊号子，这可以帮他们有节奏地挥舞锤子[3]；加纳的邮政员会以一种独特的节奏盖邮戳[4]；伊朗的地毯织工会使用具有繁复音乐结构的吟唱向合作者传达需要编织的图案[5]。所有的音乐系统和音乐风格都具备有组织的节奏序列。事实上，节奏的普遍性存在能强有力地证明，大脑中存在着控制感知节奏和生成节奏的生物过程[6]。而大脑的神经节律被认为是意识的基础[7]。

当我们提到节奏时，可能不会立即联想到语言。你也许在高中英文课上学过韵律的抑扬格、扬抑格和短抑格，然而在诗歌之外，你对语言的节奏可能知之甚少，毕竟你可能会说“哦，比尔，你准备好了吗？”，而不是说“嘿，比尔 / 你认为 / 现在是不是 / 到时间离开了？”这样有韵律的句子。那么，节奏和朗读有没有联系呢？其实，我们也不太会轻易地将节奏与朗读联系起来，除非在朗读诗歌。但事实上，节奏本身就是语言交流中的必要组成部分。

节奏的快慢

我们可以在长短不同的时间尺度上观察节奏。语音包含音素、音节、词语和句子等不同长度的节奏单位，每一种都有各自的速率。众所周知，语音是由不同长度的节奏单位构成的：音素作为单个字母发出的声音是最短的；而由句子或高低起伏的音调变化组成的段落是最长的，后者就是伴我入眠的睡前读书节奏。这些相互交织的语言元素共同构成了节奏模式，而听觉大脑必须对它们进行妥善处理。我们可以试着将注意力集中到语速慢的部分（如音调的波动），而忽略语速快的部分（如传达词义的元音和辅音）；或反过来，但这通常很难做到，也并不可取。

时间的层级结构在音乐中起着关键作用。音乐可以是一段缓慢的乐声、稳定的节拍、持续的音符、快速变化的音符、颤音和鼓声的混合体。此外，环境声中也充斥着时间信息，如当我们穿过树林时，可以同时听到缓慢的脚步声、脚踩树叶的嘎吱声和树枝的折断声。就像声音可以呈现为不同的长度单位一样，大脑节律也会呈现出不同的速度。皮层下结构可以处理微秒级的时间序列，而大脑皮层则适合在更长的时间尺度上整合声音。

在静息状态和活动状态下，我们都可以测量到大脑的神经节律。在聆听语言时，伴随着声音中快速变化的音素，如爆破式辅音，大脑也会出现快速变化的神经节律信号；中等速率的大脑神经节律会随着音节的速率变化；而慢速的大脑神经节律则会对应短语和句子中的缓慢振荡①[8]。**当我们聆听音乐时，与之对应的大脑模式节律也会活跃起来**（见图 6-1）。

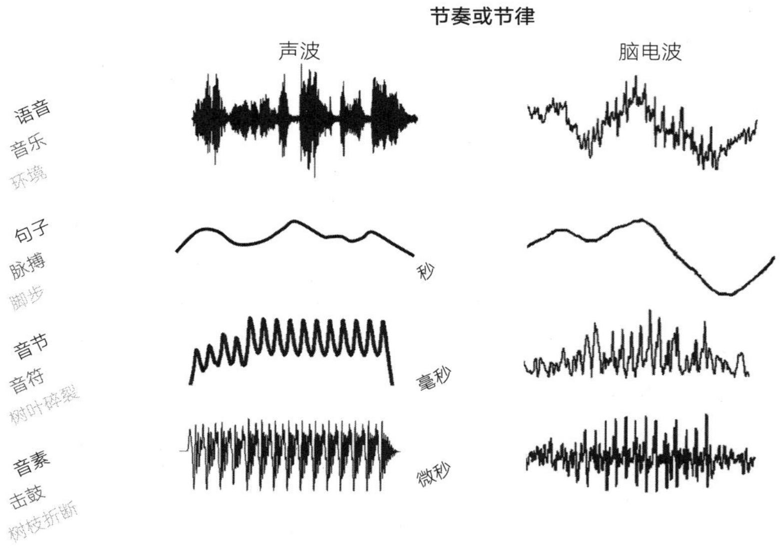

图 6-1　不同节奏对应的声音波形

第 1 行表示的是具有不同快、慢节奏的声波和具有不同快、慢节律的脑电波，声音的波形整体上看起来形状比较宽，有起伏变化。第 2 行中左侧的图展示的是以秒为单位缓慢变化的波形，将其放大后，可以得到定义音高的周期波形（第 3 行左图）。成人语音的音高分布在 80 ～ 250 Hz，相当于几十毫秒的持续时间。进一步放大后，我们可以看到频率高达数千赫兹或在微秒时间尺度上的元音和辅音波形（第 4 行左图），第 4 行右侧的图显示的是在相同时间尺度下，大脑信号的波形。

① 大脑神经节律信号是以希腊字母命名的。节律的频率分段虽然并不是明确固定的，但大致上，最慢的是 δ 节律 (1 ～ 4 Hz) 和 θ 节律 (4 ～ 8 Hz)，最快的是 γ 节律 (30 ～ 70Hz)，而 α 节律和 β 节律的速率则介于二者之间。这些频段覆盖了从慢速的句子到快速的音素的范围。

我们内在的节奏

你听过初学者弹钢琴吧？他们通常会犹犹豫豫地弹奏儿歌《小蜘蛛爬水管》和《两只老虎》等曲子。对初学者来说，弹对音符是极为重要的；按对琴键胜过在正确的时间按键。听孩子在错误的时间弹奏正确的音符，其实是件很温暖的事情。那么，当我们听到合拍或不合拍的音乐时，大脑中发生了什么呢？

想象一个节拍器以每分钟 144 拍的速度摆动。处在这个速度范围内的流行歌曲有金发女郎乐队（Blondie）的《呼唤我》（*Call Me*）、甲壳虫乐队的《回到苏联》（*Back in the USSR*）和滚石乐队的《（我不能不）满足》［（*I Can't Get No*）*Satisfaction*］等。这个速度很快，如果换一种衡量方式来描述，那么这些歌曲相邻节拍之间的间隔约只有半秒钟。如果我们以这个速度演奏康加鼓（一种手鼓），并记录脑电波，我们会看到每半秒钟就会重复出现一次的神经活动："嘣、嘣、嘣、嘣"或"1、2、3、4"。但如果我们听的是与此节奏相匹配的歌曲，大脑会怎么样呢？事实上，大脑会产生新的节奏。除了每半秒钟出现一次的峰电位反应（用音乐语言来说，对应每一拍），节拍中间还会产生一个个较小的峰电位：1—2—3—4 两两之间，对应《回到苏联》中的歌词为"从—迈阿密—海滩—飞来"（着重号表示强拍）。这时候，大脑已然计算出了组成歌曲节拍的强弱组合。由此可知，大脑会同步并强化音乐中明确的和隐含的节奏[9]。当某首歌曲故意采用和康加鼓节奏不一致的节拍时，脑电波中就不会出现以上新节奏了。脑伏特实验室的往届生基米·李（Kimi Lee）展示过一个关于大脑创造节拍的类似例子，他发现，如果某个语音出现在四拍子的第 1 拍（强拍）上，那么它的基频会增强[10]。听觉大脑对鼓声的反应会深受听觉环境的影响。**当我们倾听声音时，节奏系统会自动运转；如果我们对节奏的预期与实际不符，那么大脑会因内在节奏感的影响而以不同的方式运行。**

节奏智能，每个人不同的节奏技能

想象一下图 6-2 展示的这段节奏“Shave and a haircut, two bits”（刮脸和理发，两位），然后用手指在桌子上敲出来。你是敲了七下吗？现在再想象一下，用脚来“打拍子”，还会是七下吗？还是少于七下呢？当我用手指敲桌子时，我会在每个音符上敲一下（忽略休止符）；而当我随着旋律摇晃脚或打响指时，我通常会跟随节拍（或律动）运动，而不是跟随着每个音符运动。当我用手指敲桌子，敲响“声音”而跳过休止符时，敲出来的是节奏模式，也就是说，我在记录每个音符的长短和停顿的位置。而当我用脚“打拍子”时，脚摇晃了四次，此时脚的动作跟随的是旋律中潜在的节拍或律动（见图 6-2），同时还包含了无声的节拍。音乐有节拍模式和节奏模式，二者分别用拍号和音符（或休止符）来标记。

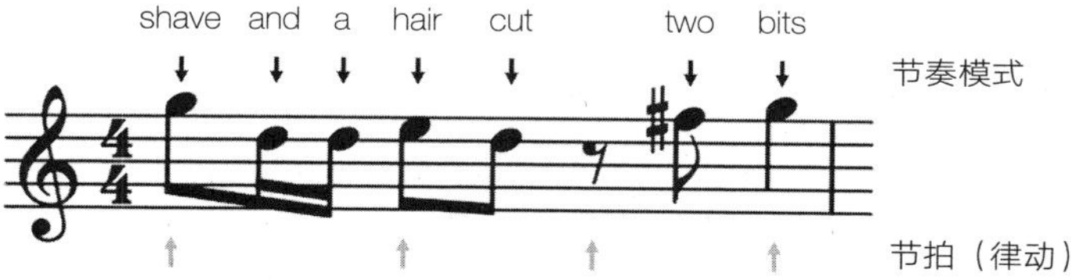

图 6-2　节拍模式与节奏模式示意图

“Shave and a haircut, two bits”的节奏模式是由组成曲调的音符和休止符决定的（上面一排箭头）。在音乐记谱法中，节拍用拍号来表示，此例是 4/4 拍。下面一排箭头表示 4 个节拍，它们可以出现在音符或休止符上。你能同时用脚打拍子并用手指敲节奏吗？

在我开始研究节奏之前，如果你问我“敲节奏和打拍子各有什么技巧”，我会回答：“你可能对两种都很擅长，或者都不太擅长。”那么，如果有人可以打出拍子，他也可以敲出节奏，对吧？

不对。事实上，会存在多节奏智能（multiple rhythmic intelligences）。就像你无法根据一个人执行某项节奏任务的表现来预测他执行另一项节奏任务的表现。在一些特殊情况下，我们首先注意到了这种现象，如大脑有损伤的人在某种节奏技能上可能会受损，但并不影响他的其他技能[11]。众所周知，**不同节奏技能之间是相互分离的**，这一现象存在于所有人身上，而这种特点是系统运转的基础[12]。这证实了“节奏”并不是一种“全或无”的能力。更有趣的是，我们对某种节奏的熟练程度依赖于我们的语言技能。上文提到的打拍子和敲节奏的能力，都能预测一个人的语言发展水平和阅读能力[13]。然而，其中只有节奏模式的能力与在嘈杂环境中理解语言有关。对此，我们将在后文介绍[14]。

大脑节律

节奏模式能力与较慢的大脑节律（秒级时间尺度）有关，而节拍能力则与较快的大脑节律（毫秒和微秒级时间尺度）有关[15]，如图 6-3 所示。在语言中，音素、音节和句子的时间尺度分别是微秒、毫秒和秒。我们可以通过大脑节律预测婴儿和儿童的语言发育情况[16]。此外，大脑节律还能够决定一个人在语言方面的优势和局限，以及在噪声环境中辨别声音的能力。

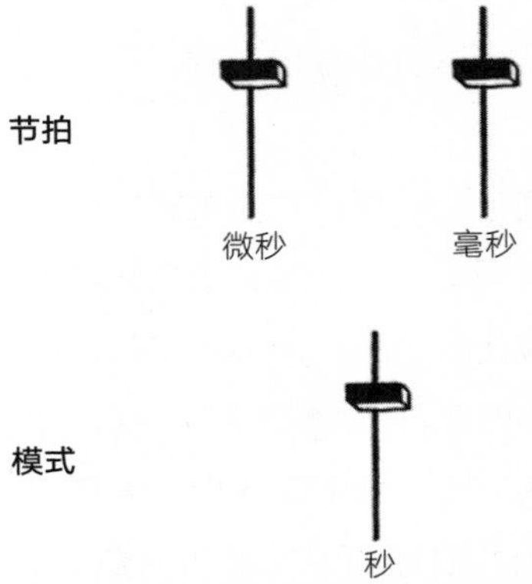

图 6-3 节奏与节拍各自对应了不同的大脑节律

按节拍击鼓，对应微秒级到毫秒级时间尺度上的声音和大脑节律；按节奏击鼓，则对应相对较慢的秒级时间尺度上的声音和大脑节律。

节奏关联着语言学习

节奏与语言息息相关。一个孩子若能识别出节奏和节拍之间的差别，那么他在学习阅读和拼写时会更容易[17]；一些年龄较大的、有失读症的儿童，他们的节拍能力也会有所损伤[18]；在青少年[19]以及3岁的儿童中[20]，节拍能力和语言发育相关。那么，节奏能力与看似无关的阅读和写作之间，是否存在关联呢？

语言中确实存在着节奏韵律，不仅是在诗歌中。节奏韵律的本质是声音要素。即便对单个词汇来说，韵律也是十分重要的。比如在英语中，record（记录）、contrast（对照）、project（投影）、produce（生产），它们既可以做名词，也可以做动词，这些词汇的词性是由重读音节决定的。连贯的演讲也有节奏。我个人很喜欢吉恩·怀尔德（Gene Wilder）主演的电影《欢乐糖果屋》（*Willy Wonka & The Chocolate Factory*）中一段“鼓声演讲”的场景。在这部电影中，鼓手随着威利和乔爷爷对话的节奏敲鼓，这样就不会错过讲话的节奏了。鼓手扎基尔·侯赛因（Zakir Hussain）曾说，在他小时候，他的父亲曾教过他用鼓声节奏来“说话”：打手鼓时，每个手指都可以代为表示一个音节，所以演奏手鼓就像说话一样。

所有语言的口语都存在明确的节奏方式，是由音节的重音、持续时间和音高的变化引起的。在一场关于节奏和语言的演讲中，侯赛因曾用康加鼓为我的演讲进行伴奏，他让我切身地体会到了口语的节奏形式。的确，语音节奏可以为我们指明重要信息的起始与终止。更重要的是，重读音节出现的时间间隔大致是有规律的，可以承载语音中的大部分信息。**随着节奏持续不断地流动，听者的注意力会被预期的节奏引向句子的重要特征上，这样一来，听者就能更好地理解口语的内容了**[21]。当口语理解能力形成后，再学习朗读时，我们就能在语言的发音和书面形式之间建立必要的联系。

噪声是阻碍有效交流的最大障碍之一，而语音节奏则对交流有所帮助。原因在于，**当我们因为噪声而错过一些词汇时，节奏可以帮助我们填补空缺。**就像节奏模式会随着音乐的节拍变化一样，连续的语音也会随着时间发生变化，从而适应较慢的听觉处理方式。整段语句序列与重音的强弱、短语和断句有关，而重现节奏模式的能力似乎也借鉴了从噪声背景中提取听觉场景所需的能力。

在一定程度上，一个人的节奏模式能力可以预测他从噪声背景中辨别语音的能力[22]。**如果你像音乐家一样善于驾驭节奏，那么你就能更好地利用语音中的节奏模式，从嘈杂的环境中提取语音信息**[23]。

节奏与语言学习

你听说过“雪球”吗？如果没有，先停下来，在网上搜索一下“鹦鹉雪球”。凤头鹦鹉“雪球”可以随着流行音乐翩翩起舞，还可以跟随迈克尔·杰克逊（Michael Jackson）、Lady Gaga 以及后街男孩的音乐节奏频频点头或踏步。

听觉实验室

约翰·艾弗森（John Iversen）和阿尼鲁德·帕特尔（Aniruddh Patel）研究了“雪球”的舞蹈[24]，他们通过改变一系列节奏并观察“雪球”在运动上相应的变化，证明了“雪球”是跟随节拍做动作的。这与马术表演中“跳舞”的马形成了鲜明对比，因为“跳舞”的马对音乐并没有反应，它们有节奏的步伐是由骑手引导的。“雪球”的舞蹈除了看上去十分炫酷之外，也引发了人们的一些思考：还有谁能做这件事呢？其他鸟类会跳舞吗？其他动物会跳舞吗？为什么我家的狗做不到？黑猩猩一定能做到吧，因为黑猩猩比凤头鹦鹉更接近人类？但事实证明，只有为数不多的特定种群的动物能跟随节拍运动，而“雪球”是其中的一员。到目前为止，我们只证实了凤头鹦鹉等一些鸟类以及海狮、大象、人类能跟随节拍运动，在其他动物身上并没有发现这种现象。

以上这些动物有什么共同之处呢？其实，与蝙蝠、鲸鱼、海豹、蜂鸟和鸣禽一样，能跟随节拍运动的动物也是“声音学习者”。这意味着，这些动物具有模仿能力，可以模仿它们听到的声音；而其他大多数动物，无论它们多么聪明，都很难模仿声音。以狗为例，它们可能听得懂十几个或更多的词语，但在它们的脑海里，无论某些词语与其代表的含义有多深的联结，它们永远也说不出这些词语。狗和大多数动物一样，只能发出少数几种声音，而“声音学习者”则可以超越他们原本的声音，比如鹦鹉就可以“说话”。此外，鸣禽也能模仿鸣叫，但当它们远离同类后，就无法发出与同类一样的叫声了，只能发出一种结构性缺失的异常叫声。人类是声音学习大师，**这种模仿能力来自听觉脑区和运动脑区之间的广泛连接**，而其他大多数物种都缺少这种连接。听觉脑区与运动脑区的连接还有预测未来节拍时间的能力，这是“雪球”和人类能跟随节拍运动的关键。不像马或黑猩猩那样只能对现在或过去的刺激信息做出简单的反应，**我们可以预测未来的节拍，并根据预测信息而移动身体。**

被节奏激活的运动特征

声音是一种运动，是空气的运动。目前，我们将节奏描述成一种“听得到”的东西，但从另一个角度来说，节奏也是一种运动。如果不敲鼓，就听不到鼓的声音；如果不动手，就不可能跟随歌曲打拍子；如果不动嘴，就不能发出语音。在演奏和聆听音乐以及自己讲话与听别人讲话时，运动和听觉是交织在一起的。听别人讲话或者甚至只是想象某位歌手唱歌，就会激活大脑中负责嘴部运动的区域[25]。同理，会弹奏某支钢琴曲的人听到别人演奏同一段钢琴旋律时，其大脑中控制手指运动的区域也会被激活[26]。即使稳坐如钟，你的听觉大脑也会跟随音乐一起“运动”，尤其是当你听到一段你会演奏的旋律时。

当你与朋友边走边聊天时，你们俩的步伐很可能会无意识地相互同步[27]。这种同步有助于你们进行交流，因为当你们的步伐一致后，脚步声的数量会大大减少，从而减少了脚步声“淹没”特定语音的可能。这时候，你能更好地听到朋友的声音。如果一对野生动物的步伐一致，它们就能更好地监测并发现附近的猎物或捕食者。

听觉实验室

出生仅几天的婴儿就可以辨识节奏[28]，究竟是什么决定了他们对节奏的选择偏好呢？事实证明，**节奏的运动特性影响了婴儿的选择偏好。**在一项研究中，研究人员将 7 个月大的婴儿暴露在一种非确定的节奏下[29]。之所以选择非确定的节奏，是因为它们可以被归为 2/4 拍或 3/4 拍，也就是说，节奏可能是 1—2—1—2—1—2（着重号表示重音），也可能是 1—2—3—1—2—3。研究人员用这样的两种不同节奏上下晃动婴儿：每两拍晃动一下“小五月”，每三拍晃动一下“小六月”。然后，在不晃动婴儿的情况下，让每个婴儿听两段有重音的音频，也就是重读上述节奏中“1”的位置上的音。结果发现，“小五月”更喜欢重读 2/4 拍的音频，而“小六月”则更喜欢重读 3/4 拍的音频，他们的喜欢程度可以用他们从聆听声音到移开注意力之间的时长来衡量。也就是说，对节奏的偏好在生命早期就形成了。有意思的是，如果婴儿只是观察到别人按节奏晃动，他们并不会因此形成节奏偏好，他们必须自己移动身体，偏好才得以形成。

“合拍”的社交

我们对他人的感觉是通过节奏传达的。步伐同步可以帮助步行者进行交流。就像鹦鹉“雪球”可以和你一同跳舞，但如果你跳得不合拍，它就会远离你。同时，有节奏的社交可以影响我们的态度。比如一个人与实验者之间的同步程度会影响这个人对实验者的好感度。在一项实验中，研究人员要求大学生被试跟随节拍器打拍子，同时，研究人员也在旁边打拍子。如果研究人员打拍子的速度与被试相同，那么被试对研究人员的好感度会升高[30]。撇开好感度不提，仅仅是有另一人一起参与任务，也能提升被试的表现。比如，学龄前儿童与另一个人一起做跟拍敲鼓任务时，要比跟着喇叭中毫无人情味的节拍做任务表现得更好[31]。

听觉实验室

即使是非常年幼的孩子，当他们与他人“同步”时，也会产生积极的感觉。在一项实验中，研究人员带着 14 个月大的婴儿随音乐舞动，有的卡拍子，有的故意不卡拍子。一段时间后，研究人员将婴儿放在地板上，然后故意掉落一个物品，并表现出需要帮助才能捡起来的样子，这时候，那些卡拍子舞动的婴儿更有可能帮助研究人员捡回物品。显然，他们已经通过节奏与研究人员形成了一种社交联系，从而促进了合作。而那些没有卡拍子舞动的婴儿不太可能会去帮忙[32]。由此可见，节奏的同步会引起人际关系的和睦协调。

此外，在另一项研究中，研究人员在音乐会场景中测量了音乐表演者与听众的大脑节律，结果发现，表演者与听众的大脑节律会趋于同步，且同步程度越高，就会有越多的听众表示喜爱这场演出[33]。

一般的音乐和特殊的节奏在培养共同体意识方面都非常有用。事实上，在谈判过程中播放音乐，有助于谈判的顺利进行，且能促进突破性进展和双方的相互妥协。很多音乐家常帮助世界各地的动乱地区重建关系，为不同的人群带来希望、安慰和治愈[34]。在以色列儿童和巴勒斯坦儿童之间建立联系的“共鸣项目”以及耶路撒冷青年合唱团，都是利用音乐节奏来消除分歧的范例。2020 年新型冠状病毒肆虐的初期，在一些国家和地区，隔离在家的人们每天站在阳台上唱歌，与他人保持着联系，也向卫生保健工作者表达了感谢和声援。

健康的节奏

世界上所有地区的传统治疗师都会把节奏作为他们举行仪式和实施医疗的重要工具之一[35]。而现在，节奏可以帮助我们运动，从而保持身体健康[36]。长久以来，治疗师们还利用我们感知声音模式的能力，借助节奏和合拍与否等概念，以模式识别作为核心方法，来帮我们提升沟通能力[37]。这让人想起科林・费尔斯（Colin Firth）主演的电影《国王的演讲》中的一幕：国王乔治六世克服了口吃的缺点，有节奏地唱起歌来。节奏的形成源于听觉大脑的听觉－运动连接。

美国医学协会在 1914 年首次提出音乐疗法的概念，用于帮助在第一次世界大战中受伤的士兵康复，包括进行创伤性脑损伤的康复治疗。在脑震荡和其他脑损伤的康复中，以节奏为基础的疗法受到了越来越多的关注，该疗法可以改善患者的认知和情感的健康水平[38]。对于患有帕金森病等运动障碍的人，节奏能大大地改善他们在踱步方面的困难[39]。毕竟，走路也是一种节奏的体现。音乐治疗对其他运动障碍疾病也有效果，如失语症、口吃、呼吸困难、吞咽困难和语言障碍[40]。

利用节奏来进行治疗的疗法，在解决孤独症患者的沟通和社交行为方面的问题上，也有可观的发展前景[41]。有语言障碍的孩子在清晰节奏的伴奏下可以说出词汇和句子；有些孤独症儿童不愿与人进行言语沟通，却乐意跟其他人一边敲鼓，一边进行“有节奏”的交流。此外，动作一致还会积极地影响我们对彼此的感觉[42]。

如果我会魔法，我将用音乐和基于节奏的方式把节奏加入到语言疗法中，这样，语言疗法和音乐疗法将紧密地结合起来。一些基于节奏的训练方法以节奏同步为核心，可以用来改善大脑的时间特征。有些方法已被用于提高语言、阅读和沟通技能，这些方法涉及大脑中慢速和快速的声音加工通路，利用了多节奏智能的原理[43]。

具有规律节奏和可预测性节奏的音乐，能为人们带来愉悦感或情感升华的体验[44]。毕达哥拉斯曾将音乐视为通往死后世界的大门，临终前，他曾要求演奏一种古老的单弦乐器。曾有人评价格里高利圣歌道：“如此意味深长的旋律只应天上有，人间能得几回闻。”[45]感恩而死乐队（Grateful Dead）的鼓手米基·哈特（Mickey Hart）曾经与我讨论过，可以在录音棚中把独弦琴等乐器持续发出的伴音加工成单调乏味的音乐片段，然后用这些音乐片段使人进入一种平静、机警且充满活力的状态。后来，我们开始合作，研究大脑对这些持续伴音的神经生理反应。

有一次，我儿子的脚轻微骨折了。由于他的康复速度没有理疗师预期的那么快，因此医生安排他每天使用骨骼振动器进行治疗。**在自然状态下，肌肉为了保持某个姿势会交替性地收缩和舒张，从而给骨组织带来振动刺激，这就是振动疗法背后的原理。**但如果你由于受伤或骨质疏松而无法正常地使用骨骼肌系统，那么你会错失这种刺激作用，进而导致骨组织萎缩。在受伤部位施加 30 ～ 50Hz 的振动刺激，可以模拟自然状态下的肌肉运动作用，阻止骨组织的再吸收，并促进骨骼生长。在正常状况下，这些是由日常运动来实现的[46]。**低频振动似乎可以刺激生成软骨、肌肉和骨骼的干细胞活动，还可用于非伤者的力量训练。**

猫的咕噜声的振动频率与用于刺激骨骼生长的振动疗法的频率范围完全相同。猫在高兴时会发出咕噜声，那么，在其他哪些情况下，它们也会发出咕噜声呢？答案是在受伤的时候。有一种说法是，猫发出咕噜声是为了保持骨骼和肌肉受刺激的状态并维持身体健康，以及在受伤之后疗愈自己、恢复健康[47]。与狗相比，猫拥有更健康的骨骼，患骨质疏松的概率更低，这也许是我们常感觉它们似乎有 9 条命的原因所在吧。

节奏让我们更好地理解自己

我们为什么要关注节奏？因为声音本身是一种运动，而且它还可以让我们真的运动起来。听觉系统和运动系统的结合让我们能彼此交流。当我们沉浸在节奏中时，无论是精准的节拍还是时值，都依赖于大脑对时间的精准把控。大脑的神经节律覆盖了多种时间尺度，如果神经系统的电信号缺少了节律特征，那就失去了任何意义。在我看来，相比于其他任何感觉，声音激活的动作电位更加倾向于一对一的反应方式。生理学家常利用这个原理在实验中用扬声器播放神经放电的声音，通过“倾听”大脑，帮助他们在进行电极植入时有据可依。我也很喜欢聆听大脑与时间以及节奏相关的电脉冲语言。**理解节奏的生物学基础，可以让我们以各种形式更好地利用节奏来改善沟通效果，并且更好地理解我们自己。**

第7章 声音是语言的本源

卡西亚·别什萨德（Kasia Bieszczad）曾说过："声音 + 学习 = 语言。"试想一下如果我们每次说"球"都用不同的读音，每次写"球"也用不同的字，那么就没有人能认识或理解"球"是什么了。所以说，语言依赖于一致性。孩子在学习说话时，他们必须反复听到"球"这个词，并与他们手中圆滚滚的橡胶物体联系起来，这样他们才能在词语和物体之间形成音与意的联结。对阅读来说，至少存在两种需要一致性的情况。首先，我们依赖于保持语音和正确书写（书面表达）之间的合理一致性①。在表音语言中，字母将我们和语言的发声方式联系起来，**如果字母和它们代表的声音之间没有合理的、一致性的映射关系，那么"听音辨义"的过程就没有意义**。其次，我们依赖于稳定一致的大脑听觉系统，来帮助我们建立语音与词语的联结。

在许多语言中，几乎每种读音都有一个特定的字母与之对应。如果你听到一个西班牙语、意大利语、俄语或芬兰语单词，你也许第一次就能正确地

① 表音语言用字母来表示声音。已知最早建立符号和声音间联结的书写系统是腓尼基字母，它可以追溯到公元前 11 世纪。

拼写出来，不需要纠结“是应该用字母 c，还是 k、ck、ch 或 qu”，这种难题通常存在于英语的拼写中。

由于英语借用了希腊语、拉丁语、法语、德语和其他语言的一些词，因此它变成了一个大杂烩，有些英文单词的读音与字母的对应关系并不明确，需要靠词根溯源和记忆才能明了。英语拼写复杂多变还与另一个原因有关，那就是发生在 15 ～ 16 世纪英格兰的“元音大转移”（Great Vowel Shift）事件。在那之前，英语的读音和字母之间具有较高的一致性。比如，英语中字母 i 的发音从前与法语一样，读起来和音节 ee 的读音一致，所以 bite 原本的发音与 beet 相同；单词 house 中的音节 ou 的发音，原本读起来类似单词 moose 中的音节 oo 的发音①。后来，英语单词的读音逐渐发生了变化，但拼写仍然保留了之前的形式，从而导致了目前的混乱情况。

现在，英语中有 40 多种读音（音素），但出人意料的是，它们竟然能用 1 120 种字母组合来表示[1]。很多人都听过一个段子，有人说 fish 应该拼写为 ghoti，因为 gh 可以读作 laugh 里的 gh（发音为 /f/），o 读作 women 里的 o（发音为 /I/），ti 读作 nation 里的 ti（发音为 /ʃ/）②。相比之下，意大利语的读音就少得多了（共 25 种），并且它只有 33 种不同的字母或字母组合与之对应。读音与字母映射关系的对应程度被称为“正字法深度”（orthographic depth），而英语的映射关系是其中最复杂的。事实上，与那些其母语的正字法深度更浅的儿童相比，说英语、法语、丹麦语和其他有较深的正字法深度语言的儿童在学习阅读时会更困难[2]。对于所有语言，我们都需要先理解声音，然后才能阅读[3]。无论是什么母语，阅读较慢的孩子与讲英语的孩子，

---

① 中世纪英国人普遍存在的反法情绪是导致元音大转移事件的背后原因，在该事件之后，英语和法语的发音方式渐行渐远。

② ghoti 与 fish 的发音相同的说法最初是由萧伯纳提出的，主要是用来说明英语拼写有多么复杂、荒谬。——译者注

在阅读速度和朗诵发声方面都存在着相似的问题。同样，不同母语的语言障碍患者的大脑功能也存在共性问题。

此外，我们的“听力”也需要保持一致。

听觉实验室

几年前，一位 10 岁大的男孩丹尼来到脑伏特实验室参加一项研究。当时，简·霍尼克尔（Jane Hornickel）是实验室的一名研究生，她的兴趣是研究阅读障碍人群的声音加工。丹尼很聪明，智商测试证实了这一点，但他的学习成绩却一直都不及格。他读书又慢又吃力，朗诵时存在断句困难，且缺乏流畅性，后来，他的理解能力也受到了影响。当他从“学习如何阅读”阶段进入“通过阅读来学习”阶段时，他遇到了麻烦。虽然丹尼无法阅读，但他身边的每个人，包括他的父母、老师和同学，都能看出他是个聪明、惹人喜爱、专注的孩子。不过，霍尼克尔从丹尼身上看出了一些其他的东西，如丹尼加工声音时，其神经反应缺乏一致性。

当你听到一种声音时，大脑会以一种特定的模式放电，用头皮脑电图可以测量到这种放电模式，因此当你再次听到同样的声音时，大脑的放电模式应该是一样的。但霍尼克尔发现丹尼的大脑反应缺少这种一致性。对丹尼的大脑来说，每次听到的声音好像都会有点不同。

如果丹尼的大脑在听到声音时缺乏一致性的反应，那么他是如何建立声音到字母或字母到声音间的联结，并能流畅地阅读呢？

关于如何帮助丹尼克服阅读障碍，霍尼克尔提出了她的想法。在对此进行仔细讨论之前，我们要先弄清楚：声音与阅读之间的联系是什么？以及声音对阅读的影响有多大？

声音与大脑的阅读功能

大脑中没有控制阅读功能的神经中枢。玛丽安娜·沃尔夫（Maryanne Wolf）① 写道："人类并不是天生就会阅读的。"[4] 人类有能力进行阅读的历史仅有几千年，因为进化过程并没有那么快。也许在未来，在我们的后代中，他们的大脑会进化出阅读中枢，但据我所知，目前 21 世纪的人类还没有进化出来②。不过，我们确实有阅读能力。我们调动了大脑的其他区域，尤其是听觉大脑来实现阅读，当然，视觉大脑也参与其中[5]，但那些控制说话和理解口语的听觉脑区发挥了重要的作用。

经常有人问我："声音和阅读有什么联系呢？"声音和阅读之间的联系并不是显而易见的，因为我们通常是默读，听不到声音。然而，阅读的基础是语言，而语言的基础是声音。大声朗读能明确地将声音和书面语言联系在一起：学习阅读（或朗读）时，我们必须把语言的声音和声音模式与它们代表的字词联系起来。阅读能力差的人在声音加工③方面也会困难重重，正如我们反复强调的那样，**听觉加工是学习阅读时会遇到的最大挑战之一**[6]。

语言学习依赖于大脑对声音模式的辨识。当我们听到一个句子时，会知

① 玛丽安娜·沃尔夫是美国塔夫茨大学儿童发展心理学教授，其在《普鲁斯特与乌贼》中讲述了大脑是如何进化出阅读能力的。该书中文简体字版已由湛庐引进、由中国人民大学出版社 2012 年出版。——编者注

② 公元前 4 世纪的人类的大脑也没有阅读中枢。当时柏拉图对印刷文字持怀疑的态度，担心印刷文字会妨碍记忆。他在《斐多篇》中曾说："……学会文字的人们善忘，因为他们就不再努力记忆了。他们就信任书文，只凭外在的符号再认，并非凭内在的脑力回忆。"

③ 不可否认阅读与视觉（或触觉，对盲文来说）的关联。与视觉中对颜色和空间的感知不同，导致阅读障碍的一大因素是视觉的运动和时值缺陷。在失读症患者中，眼疲劳或视觉变形的发生率高于普通人群。抛开阅读与视觉有明显联系这点不谈，声音加工对阅读能力似乎也有极大贡献。

道在哪个字词的位置上需要停顿，以及后半句从哪里开始，这是个很自然的过程。但从声学上来讲，字词之间其实并没有明显的间隔。音素融合成音节，音节融合成词语。而字词之间的停顿并不比一段连续语音中的单个词汇内部的停顿更长，而且有时候，字词间的停顿甚至可能更短。我们区分字词间停顿时，可以用到一些线索。例如，mt 这种字母和发音组合很少出现在英语单词中，因此，如果我们听到一段包含“Sam took”的语音片段，我们会直觉地认为，这不是一个新词“samtook”。这种语言技巧，我们在很小的时候（甚至出生两天后）就掌握了[7]。威斯康星大学的教授珍妮·萨弗兰（Jenny Saffran）发现，只要两分钟的接触，8 个月大的婴儿就能掌握一种虚构语言的发音规则[8]。

现已证实，大脑神经在声音的处理过程中存在着模式识别现象。脑伏特实验室的研究生埃里卡·斯科依（Erika Skoe）发现，当人们熟悉了某种虚构语言的模式后，大脑对谐波的神经反应就会增强[9]。例如，在一段有规律的序列中出现一个语音音节，与在一串互不相关的音节序列中随机出现一个语音音节相比，前一种情况的谐波的神经反应会更强烈[10]。然而，有语言障碍的孩子则无法学会从语言中提取这些潜在的规则[11]。失聪的孩子在形成语言模式的任务上存在障碍[12]，而患有孤独症的孩子在接触到虚构语言时，则会表现出一种特殊的大脑活动模式[13]。另外，双语和音乐训练能强化大脑对声音模式的处理能力[14]。

更多的证据表明，声音是语言的重要组成部分。我们大概能猜到，音乐家可以很好地分辨出一对非常接近的音高，如频率分别为 1 000 Hz 和 1 003 Hz 的两个音高，事实也的确如此[15]。但区分音高（辨别频率）与阅读能力之间的关系就不是显而易见的。大部分失读症的患者，无论是儿童还是成人，都难以辨别不同的音高[16]、音高模式[17]和动态移动的音高[18]（调频扫频）。不过，这种辨别声音要素的能力的缺陷与智力无关，这一点在大脑对声音的反应研究中已得到证实[19]。

对听觉大脑来说，另一种颇为棘手的挑战因素是时值。对时值信息的灵敏度，通常用间隔检测（gap detection）来衡量。如果一个接一个地连续播放一对声音（通常是音调或短脉冲噪声），当两个声音之间有足够的时间间隔时，我们会听到两个声音，如“呃——呃——”；然而，如果缩短两个声音之间的时间间隔，达到一个临界值后，再继续缩短间隔并低于临界值，我们便无法辨别出这两个声音了，只能听到一个声音——“呃——”。那些阅读上有困难的人通常需要更长的时间间隔，才能区分清楚两个声音。与一般人相比，虽然他们辨别声音需要更长的时间间隔，但对他们来说，声音更容易融合在一起[20]。

此外，阅读还与检测噪声前的音调突变的能力有关[21]，也与检测调幅的能力有关[22]。值得注意的是，这些与阅读相关的听力障碍也可能出现在非语言的声音中。也就是说，不仅语音和阅读之间存在联系，声音要素和阅读之间也存在联系。

年仅几个月大的孩子就能说出很多他们能听到的声音。婴儿可以感知到整个语言的声音、音素、节拍和世界上各种语言的音高。而随着他们的听觉大脑逐渐适应了对母语而言重要的声音，他们便会失去这种能力。

对婴儿进行研究时，研究者通常会利用他们对事物的好奇心。比如，可以用会跳舞的玩具熊作为奖励，让婴儿学会识别声音序列的变化，如果他们识别错误，跳舞的小熊就不会出现了。

听觉实验室

罗格斯大学的阿普丽尔·本奈斯（April Benasich）利用这一点探索了声音在语言发育中的作用。首先，本奈斯观察并测试了7个月大的婴儿在语言任务中的表现；当婴儿长到3岁时，她重复了同一测试，并将结果与婴儿在7个月大时的语言成绩做了对比。她表示，通过婴儿7个月大时的测试结果能预测出他们在 3 岁时的语言理解能力、表达能力和语言推理能力。

研究人员在类似的研究中发现，通过尚未开始阅读的孩子区分非语言声音的能力，可以预测其之后的语音意识和阅读能力[23]。此外，有语言障碍家族史的婴儿在声音加工任务上比一般人表现得更差，这说明遗传因素也发挥着作用[24]。

几年前，我在圣塔菲研究所（Santa Fe Institute）参加一个以语言和大脑为主题的智库论坛时，遇见了默策尼希和罗格斯大学的葆拉·塔拉尔（Paula Tallal）教授。作为研究大脑可塑性的先驱，默策尼希已经证明了**大脑的感觉和运动功能会随着我们的经历而发生或好或坏的改变。**塔拉尔教授则发现，一些有语言障碍的儿童无法区分那些作为语音基本组成部分的声音。不久之后，他们发表了两项具有里程碑意义的研究成果，阐述了经过一套完整的训练之后，学龄儿童在各种语言任务上的表现都有所提升[25]。

这些研究及其他类似的研究共同促进了相关行业的发展，例如通过向学校和家长提供听觉训练材料，帮助解决孩子在语言、阅读和学习方面的困难。默策尼希和塔拉尔随后成立了一家公司，开发基于声音的训练游戏。这些大脑训练游戏可以提升语言能力，也会使大脑随之改变[26]。美国和加拿大的一些公立学校已经开展了这些训练，并且发现，学生的学习成绩会随之有所提升。与此同时，阿普丽尔注意到，婴儿听到频率快速变化的声音后，其大脑听觉区的定位拓扑图会快速发生变化。比如，婴儿听到构成辅音和元音的基本成分——调频扫频时，其听觉定位拓扑图会快速发生变化[27]。这表明，**积极的声音体验可以影响语言输出**。阿普丽尔现在正在开发一种玩具，希望借此帮助婴儿专注于声音元素，例如快速计时的成分（时值），因为这对学习语音来说非常重要。

依靠声音中精确的时值成分，能将时间辨识、调频扫频或其他声学维度特征紧密地联系在一起。在语音中，这种基于时间的处理方式通常是针对辅音的，因为辅音是语音感知中的“捣蛋鬼”。对于语言存在问题的人来说，区分 dare（胆敢）、bare（光秃秃的）、pare（削减）等英文单词的辅音，可谓难上加难[28]。

这就是脑伏特实验室要接受的挑战。我们想要在已有研究的基础上，找到一种新方法，利用大脑加工声音的过程来理解声音要素是如何影响语言的。我们最早的发现表明，有语言障碍的学龄儿童的大脑无法像普通人阅读时那样区分出音节[29]。在这之前，我们已经知道，对有语言障碍的人来说，处理辅音很困难[30]，然后我们找到了一些生物学证据[31]。从那时起，我们就开始深入研究探索在声音要素的精细处理上，大脑可以告诉我们什么。在细化研究声音要素的同时，我们还努力探寻了个体适用性。我们想要跳出“阅读能力差”“双语者”“音乐家”等标签化的思维方式，去研究生活中活生生的不同个体。

特别的音节“da”

我们来看一个特别的音节“da”。经过多年的改进和变化，虽然也不乏伴随其他音节、词语、音符和环境声而出现的变体，但是这个不起眼的音节 da 确实存在一些特别之处，使得它能在声音要素的基础上与听力、学习和语言系统性地联系在一起。音节 da 相当常见，世界上几乎所有的语言中都有 da 的发音。接下来，我们一起来了解 da 的声音要素：基频、时值、谐波、调频扫频、一致性以及它们和语言的关系（见图 7-1）。

基频

如果一个声音被我们感知到是有音高的，或者说它能被哼唱出来，那么我们哼唱的频率就是它的基频。当我们讲话时，基频对应着呼吸引起的声带开合速度。男性的声带运动速度最慢，因此声音较低沉（基频低）；而孩子的声带运动速度最快，因此音调高。在英语中，音高可以传达意愿和情感，被用来表示“你什么意思”，而不是“你说了什么”。但一般来说，加工声音基频的神经过程似乎与阅读或语言发育无关，因此我们可以暂且把这个成分从研究清单上划掉。

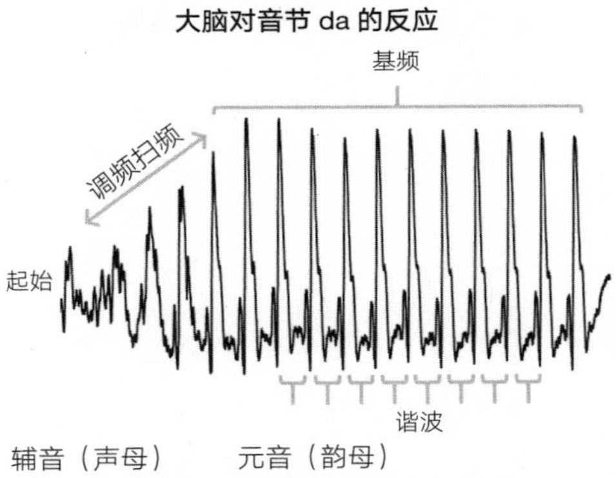

图 7-1 音节 da 的声音成分图示

以声音要素的方式表示大脑对音节 da 的反应，包括辅音调频扫频的起始时刻、峰值时刻、谐波和基频。

时值

当我们深入探查大脑的时值特征时，会发现音节 da 可以揭示有语言问题的儿童在加工声音时，使用的是非典型的方式。

听觉实验室

脑伏特实验室的两位研究生坎宁安和金发现，患有语言障碍的孩子对 da 音的频率跟随反应存在时间延迟[32]。更重要的是，时间延迟发生在特定的音节上，也就是声音的起始和调频扫频部分，即从辅音（声母 d）到元音（韵母 a）过渡的部分。换句话说，这种时值处理上的缺陷并不是普遍存在的，因为只有辅音的时值处理受到了影响。通过这种方法，我们从生物学角度了解到了听觉大脑在加工语音成分时可能存在的不足。

此后，我们的研究结果得到了重复验证，并有了新的进展。在某些情况下，如果将声音加速或添加背景噪声，给大脑加工声音要素的系统增加压力，就会导致更严重的时间延迟[33]。另外，有些研究抛开了二元论的方法，从连续性角度研究阅读技能，结果发现，听觉大脑与语言的关系并不是非此即彼的[34]。

谐波

语音的精髓之处在于谐波，而谐波普遍存在于辅音和元音之中。我们可以通过改变口型和舌头的位置来改变发音，如把音节 oo 的读音变成音节 ee 的读音。几乎在每个有学习障碍或读写障碍的个体中，当我们观察到其大脑处理 da 存在时间延迟时，都会发现大脑对谐波的反应也相应地减少了。

调频扫频

发出音节 da 的声音时，最有技巧性的部分是辅音（声母 d）到元音（韵母 a）的过渡，这是由谐波频率的调频扫频决定的。在语音中，很多辅音是由频带随时间的转移和演变决定的，如频带上移时表示某个辅音，而频带下移时则会变成另一个辅音。

从生物学角度来说，有语言障碍的儿童无法区分由调频扫频定义的不同音节[35]，这合情合理，因为决定了 da 是 da，而不是 ba 或 ga 的，是其时值和谐波随时间急速（约 0.04 秒）变化的扫频特征。这就是我们感知辅音时很容易被干扰的关键原因，即时值和谐波同时发生了太多快速的变化。不仅对有语言障碍和学习障碍的人来说，辅音发音存在困难，而且在有背景噪声的情况下，任何人发辅音都会感到痛苦[36]。在辅音—元音—辅音的切换过程中，听觉大脑必须更加努力地跟踪这些声音要素。除此之外，将所有声音要素联系在一起的其他因素也在起作用。

一致性

一致性本身并不是一种声音要素，但它在大脑对声音成分的编码中发挥着至关重要的作用。如果音高、时值、谐波和调频扫频是主要成分，那么一致性就类似于一个“搅拌器”。

就像前文提到的丹尼一样，有学习问题的儿童的听觉大脑，加工声音时其一致性可能会整体下降。在单次实验中，虽然他们对任何给定声音的反应过程是完整的，但在不同试次之间，其反应却缺少一致性。在某些试次中，他们的大脑的反应可能会比其他试次稍晚；在有些试次中，其反应强度会更小或更尖锐。他们的大脑神经元的放电和再放电之间缺少同步性。个别试次叠加后的脑电波形，并不像典型的学习者身上那种有微秒级精度且细密有序的波形变化[37]。如果试次间的差异与时间有关（通常如此），那么所有的试次叠加后，脑电波形看上去会比较平滑，缺少精细信息。如图 7-2 所示，那些变化较慢且较大的波峰相对准确，而那些变化较快且较小的波动则标志着出现了不一致，这是因为大脑在最快的微秒时值信息上的反应存在异常情况。

因此，上面提到的几种声音要素，包括时值、谐波，以及声音和谐波的融合（调频扫频）都与学龄儿童的语言和阅读能力有关（见图 7-3）。此外，大脑对声音基本成分的一致性处理也至关重要。不过，这些其实只是声音要素集里的一个子集，且声音成分集里并没有包含所有的声音成分。正如我们看到的，音高与语言并无关系。语言的熟练程度也不是由听觉大脑中的音量旋钮来控制的。语言只与一部分被选中的声音要素有关，但这都是十分重要的选择。**某些声音要素在有语言问题的儿童大脑中并没有得到最佳处理**，这一发现为声音对语言的重要性提供了生物学基础，是一种概念上的进步。

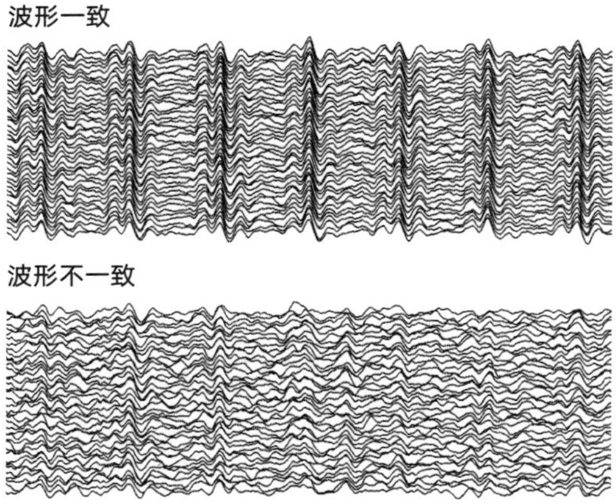

图 7-2　神经反应的一致性存在差异

有语言障碍的人，其神经方面的一个特征是存在不一致性。正常情况下，不同试次的脑电波形应当是对齐的。

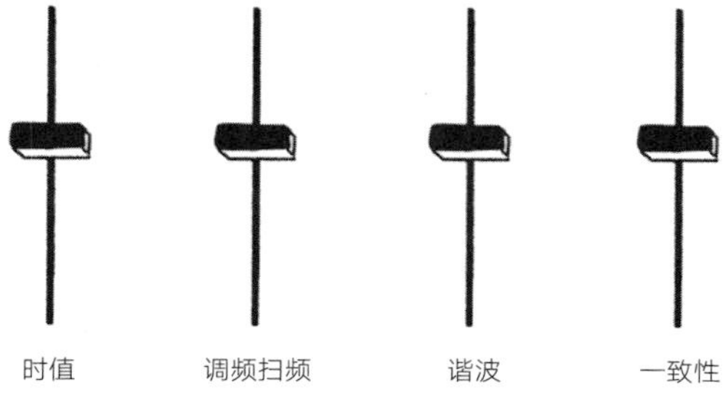

图 7-3　语言的关键成分

时值、调频扫频、谐波和对声音反应的一致性是构成语言的关键成分。

用听觉之脑预测未来的阅读能力

那么，在此基础上，我们能否利用大脑对声音要素的反应，在孩子开始学习阅读之前，就预测出哪个孩子会出现阅读障碍呢？我们能不能让大脑“说话”呢？在了解了学龄儿童的语言特征的基础上，我们想到，可以先在学龄前评估他们的大脑在音高、节奏、谐波、调频扫频和一致性等方面的特征，待到四五年之后，在二三年级时再次评估他们的语言和阅读能力。孩子在 3 岁时，通过其大脑对声音的加工能力能否预测他 8 岁时的阅读能力呢？长期追踪可能很有挑战性，但这是最有效的科学研究方法之一。后来，“生物宝贝”（Biotots）项目就此诞生了。我们测试了数百名儿童的预读能力、拼读能力、注意力、记忆力和节奏能力，并进行了各种听觉方面的大脑测试。此后的 5 年里，每一年我们都会进行重测。

我们为孩子们创造了有趣的体验，也与家长建立了联系。我们在解答家长们的问题和疑惑时，会知无不言，因此，我们的实验很少有被试中途退出，而被试中途退出往往是导致长期实验项目失败的主要原因。

我经常惊讶于自己竟然能发起长期实验项目，因为我的性格比较急躁。但是来参加项目的孩子们真的很可爱，我们也从中学到了很多。

听觉实验室

我们发现，在时值、谐波、调频扫频、一致性等方面（不包括音高），年龄稍长的孩子的大脑所具备的与阅读有关的标志性特征，其实在 3 岁大的孩子身上已然存在。一个叫杰克逊的孩子现在上三年级了，他能像马塞尔·普鲁斯特（Marcel Proust）一样写作，3 岁的时候，他就已经有了很强的声音要素加工能力。但另一个叫艾希琳的孩子，在 3 岁时，曾表现出异常的大脑特征，现在她 8 岁了，出现了阅读障碍[38]。因为我们收集了各种声音的脑电波频率跟随反应，所以我们能专注于融合声波和脑电波，以达到最佳预测效果。例如，我们用特别的音节 da 并加入让实验更具挑战性的背景噪声进行预测，其有效性已得到了验证。对预测阅读能力来说，预测效果的最佳声音特征成分是时值、谐波和一致性。

脑伏特实验室的常驻统计大师特拉维斯·怀特－施沃奇（Travis White-Schwoch）是这项“算命”工作的领导者，他结合大脑对上述 3 种特征成分的反应建立了预测模型，结果达到了惊人的预测准确率[39]。我们可以测试 3 岁孩子的阅读准备状态，也可以在“生物宝贝”数据库中的数据量足够大时，预测出孩子们未来的阅读能力[40]。

当然，并非所有的语言问题都源于大脑对声音的异常加工，有时候，声音加工并不是核心问题。作为一名母亲，当我看到孩子们花不少时间学习阅读时，我宁愿用 30 分钟的时间给他们做个测试，以确定或排除他们在声音加工方面是否有问题。如果一个 3 岁的孩子有患病风险，那么家长可以尽早采取行动，帮助孩子克服声音加工障碍。因为通常这些障碍会阻碍大脑建立声音、字母、词汇之间的联系，而这种联系对学习来说非常重要。

优化声音

我们还想知道是否可以通过优化声音本身来提升阅读能力，以及改善大脑对声音的反应。后来，我们与海德公园走读学校系统建立了合作关系。海德公园走读学校系统是芝加哥的一家私立教育机构，旨在为有严重阅读障碍的孩子提供教育服务，并提供强化的和个性化的补习课程，目标是让孩子能在约两年后重返家庭学校。在这个过程中，我们不仅有机会接触到一群有学习障碍、阅读障碍或注意力障碍的孩子，还与一家机构进行了合作。与我们在低收入社区合作的公立学校不同的是，这些私立学校拥有各种可利用的资源，可以帮助孩子们茁壮成长，并且倾向于采用科学化的管理策略，协助学校来帮助学生。

那么，优化声音究竟是什么意思呢？**答案是：通过使声音要素更响亮、更清晰，并且降低噪声影响、减少回声串扰，从而使孩子们听到的声音得到优化**。我们与一家助听设备公司合作，为学生和老师提供了个人扩音设备（听力辅助设备）。设备包括学生在校期间每日佩戴的小型入耳式耳机，以及教师使用的领夹麦克风。麦克风会录制老师的声音，然后将声音传递到学生佩戴的耳机里，这样，每个学生都能听到同样的声音。我们能为身处同一间教室的所有学生随机地选择是否保留放大之后的老师的声音。这些学生能以与往常一样的方式听到老师的声音，而且，他们在同样的教室、同样的时间，接受同一位老师同样的指导，这对科学研究的条件控制来说至关重要。

我们热衷于探索世界上现有方法的科学基础，而不是将自己局限于科学家为了实验而制造的东西中。家长和教育工作者有机会为孩子选择听力辅助设备，而与我们合作的设备公司则需要甘冒风险，因为我们对设备在生物或语言方面能否给学生带来好处可能不会有任何发现，而且无论研究结果如何，我们都会发表出来。

听觉实验室

我们会测试所有孩子的注意力、记忆力、学习能力、学业成绩和大脑对声音的加工能力，然后从新学年开始，就让一些孩子佩戴听力辅助设备，每个孩子平均会使用 420 小时，等到学年结束后，我们会再次进行同样的测试。

研究结果表明，学年结束后，与没有佩戴听力辅助设备的孩子相比，佩戴了听力辅助设备的孩子在阅读能力和语音意识（识别和使用英语发音的能力）方面有了更明显的提高，他们的大脑对语言的反应也变得更加一致，而这些生理变化在那些正常完成学业的孩子身上并没有出现[41]。此外，在阅读方面取得最大进步的孩子，正是那些在学年开始时大脑反应一致性最差的孩子。这表明，对于进步最大的孩子，他们有阅读障碍的根本原因，是声音加工能力上存在不足，而这种不足能通过干预来弥补。需要说明的是，孩子们在进行大脑测试时并没有佩戴听力辅助设备。由此可见，声音的优化巩固了声音与含义之间的联结，从根本上改变了他们的听觉大脑，他们就不再需要通过听力辅助设备来维持声音加工的增益效果了。

学习是在注意的基础上进行的。如果老师的声音清晰、音量适中，而且能直接传到孩子的耳朵里，那么孩子听课时的注意力就会更集中，这样一来，他们就可以花更多的时间去思考课程所讲授的概念，而不是弄清楚要注意什么或听到了什么。随着声音与含义之间的联结越来越多地被建立起来，听觉大脑的自动默认网络会变得更能适应声音，这一点在神经处理的一致性增强方面得到了证明。所以，像丹尼这样的个体可以选择**调节自己的听觉大脑，使其能一致地做出反应，并建立起声音与含义间的必要联结，为流畅阅读奠定基础，这体现了听觉大脑的自我改变的本质。**

找到语言匮乏的原因

20 世纪 90 年代出版的一本书中有一个广为人知的观点[42]：社会经济地位较低的孩子到 3 岁时会比富裕家庭的孩子少听到 3 000 万个单词。该书的作者认为，贫困与低于平均水平的词汇量、语言发展情况及阅读理解能力之间的关系，或许可以用孩子 3 岁前语言基础的匮乏来解释。简而言之，社会经济地位较低的孩子在进入学前班和幼儿园时，仍没有做好上学的准备。

虽然以上观点仍存在争议[43]，但社会经济地位与语言能力、读写能力、注意力和学业水平之间存在关联是毋庸置疑的[44]。大量研究表明，贫困的成长环境会对孩子的大脑发育产生直接的负面影响，儿童时期的贫困经历会影响大脑的结构、功能、节律和对称性[45]。出生于贫困家庭的孩子的大脑中，海马、杏仁核、前额叶皮层和其他对记忆、情感及自我组织很重要的脑区比其他孩子都小[46]。

平均而言，在语言和读写能力的测试中，来自低收入地区的孩子的表现比来自富裕社区的孩子差。**因此，早期的语言环境会影响孩子最终的语言发展[47]，这可能是由于词汇量上存在差距、语言环境“质量”上存在差距[48]、生活环境嘈杂或存在其他一些不确定的环境障碍**。无论这个数字是否准确，3 000 万个单词的差距的确引起了公众和政策制定者的极大关注。奥巴马当初在宣布政府的早期教育计划时，直接提到了“差距”这个词。而缩小词汇量差距是克林顿基金会发起的“少有所养”项目的核心内容，该项目旨在促进美国民众的早期大脑发育和语言发育。

为了解决词汇量差距的问题，美国政府也出台了相关政策。比如，罗得岛州的普罗维登斯市开展了“普罗维登斯演讲”项目，侧重于确保从出生至 3 岁年龄组的孩子在上学前能充分地接触语言。语言教练每个月都会家访，结合小组游戏和可穿戴的单词计数方法[49]，鼓励监护人扩大词汇量并使用更丰富的描述性语言。到目前为止，这一项目在增加孩子听到的词汇量方面已初见成效[50]。底特律、路易斯维尔和伯明翰等城市，也正在效仿普罗维登斯市的做法。

听觉实验室

脑伏特实验室研究了语言匮乏对生活在低收入地区的儿童所造成的生物学影响。语言匮乏在大脑中有何表现呢？我们选取了芝加哥地区的高中生作为被试，观察他们的大脑对语音的反应，在这些地区，超过 85% 的学生有资格享受政府提供给低收入人群的免费校餐。我们用学生母亲的教育水平来表征语言环境的丰富程度，将学生据此分为两组①。我们根据种族、民族、社区、年龄、性别、听力情况和成长经历，对所有学生进行分组匹配，并让他们在同一间教室接受教育。此外，我们也对学生进行了阅读和读写能力的标准化测试。结果显示，那些母亲接受正规教育时间较短的青少年，他们的大脑反应总体上偏于杂乱无章，即具有较多的背景噪声；此外，他们的声音加工能力在语音谐波编码和反应一致性方面也更差[51]。这种声音加工模式是导致阅读能力差的特征因素：研究发现，**那些在早年经历的语言刺激较少的学生，在青少年时期表现出的阅读和读写能力相较而言的确更差。**

我们的研究揭示了语言匮乏所导致的两种异常神经特征：一是对声音细节的处理不够精确；二是存在过多的神经噪声。通过音乐训练或学习第二语言来丰富声音体验，可以强化听觉大脑处理重要声音要素的能力；而整个人的身心健康尤其是大脑健康，则可能有助于减少神经系统的背景噪声。对此，我们稍后将详细介绍。

孤独症

孤独症儿童的父母首先可能会注意到，患儿对声音会表现出异常或不适的反应。孤独症儿童经常表现出对声音过度敏感或反应缺失，尤其是对那些原本可能会引起强烈反应的声音，例如母亲的声音。在某些情况下，孤独症儿童说话会有延迟或干脆不说话；在另一些情况下，他们与他人的交流也会受到一些因素的阻碍，例如他们难以理解和产生表达意图、情感和情绪的声

① 我不太喜欢这种分组方法，因为也有一些受教育程度较低的母亲会给孩子提供丰富的语言环境。不过，大量研究的确发现，母亲的受教育水平可以表征孩子的语言暴露环境。

音要素。

患有孤独症谱系障碍的人，在理解别人的话语方面可能存在一些障碍，而对语气中的情绪或非语言意图，则完全无法领会。例如，在听别人说话时，他们可能无法察觉到他人话语中隐含的愤怒或讽刺；而在自己说话时，在句尾处，他们可能明显缺乏正常的音高和节奏变化。他们说的话会显得单调、机械化，还可能出现不恰当的抑扬顿挫或重读音节错误。综上所述，这些在语音感知和产生过程中错过的韵律线索，可能会给他们的社交带来挑战。

孤独症谱系障碍患者普遍存在语言障碍，需要在社交能力发展方面获得切实的帮助。为了回答“孤独症儿童的大脑中到底发生了什么？”这个问题，脑伏特实验室的妮科尔·拉索（Nicole Russo）开展了一项针对孤独症儿童大脑的研究，并重点研究了他们的大脑对语调的感知是怎样的。在英语中，语调能传达情绪（高兴、悲伤、愤怒等）和意图（陈述、疑问、讽刺等）。对于这类语音成分的听觉处理如果存在问题，是否会导致孤独症患者在理解话语背后的潜台词方面存在困难呢？

我们把辅音和元音音节组成语句，并赋予其不同语调，使它们听起来像陈述句或疑问句，然后向患有孤独症谱系障碍的学龄前儿童播放这些声音。结果发现，他们的听觉反应与那些发育正常的同龄人不同，他们无法产生跟随音高的听觉反应（见图 7-4）[52]。在某些情况下，辨别韵律（语音的声调）存在障碍可能是大脑在感知声音方面存在异常所致。

脑伏特实验室的往届生、目前在斯坦福大学的丹·艾布拉姆斯（Dan Abrams），研究了孤独症儿童在聆听演讲时大脑区域之间的功能连接。他发现，孤独症儿童的听觉系统和边缘系统之间的功能连接较少[53]。对患有孤独症谱系障碍的孩子来说，他们可能不会像发育正常的孩子那样，对语音（例如母亲的声音）产生情绪上的触动，这与孤独症的社交动机理论相吻合。该理论认为，**孤独症患者大脑的情绪中枢尚未发育成熟，因此缺乏获得社会经验和社会关系的动机**[54]。或许在孤独症患者的大脑中，那些有助于社交互动的生理连接是比正常人要少的。

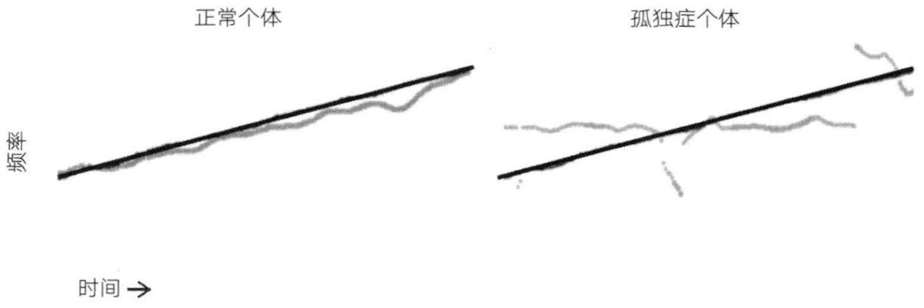

图 7-4 大脑听觉系统对音高的跟随反应

当我们说疑问句时，音高会升高。正常的大脑听觉系统（灰色曲线）能跟踪语音的音高变化（黑色直线），而孤独症患者的大脑无法跟随音高变化的轨迹。

听觉实验室

孤独症患者可能会明显地表现出对声音过度敏感。来自西班牙的研究人员发现，孤独症患者的频率跟随反应相较而言增强了，这揭示了其大脑对声音反应的增强。这个结果可能反映了大脑对听觉系统（尤其是中脑）通常会有的抑制作用失效了，因此这也为孤独症“感觉超负荷”观点提供了生物学解释[55]。声音和孤独症之间的这些联系都表明，在传出系统的作用下，听觉系统和大脑其他区域之间的广泛联系被破坏了。或许，我们可以利用孤独症和声音之间的联系，制定个性化方案，以帮助患者克服可能会导致社交隔离的沟通障碍。

语言障碍者大脑的优势

有语言障碍（如阅读障碍和孤独症）的人其实在某些方面也会有其优势

和独特性，而这一点往往会被忽视。

面对语言挑战时，人们反而可能会涌现出创造力。众所周知，有些人在语言方面稍显逊色，但在其他领域却很出色。以我的二儿子为例，对他来说，阅读是很难的，他在一二年级的时候，观察到同学都在做一件令他无法理解的“神秘”事情——阅读。不用说单词发音和常用词语等细节，即使基本概念也让他感到纠结：“你们所说的纸上那些潦草的字迹是词语，这是什么意思啊？”幸运的是，他之后参加的公立学校的阅读恢复计划以及“鲍勃系列”书籍都对他助益良多[56]。如今，他已经获得了罗兹奖学金，是一名艺术家兼卫斯理大学监狱教育中心的创始人，不过，他现在仍然需要进行拼写检查，以防出现像“alwaze”这样的拼写错误（正确拼写为 always）。

还有一些没那么令人感到惊奇的小故事，也证明了存在语言障碍的人同样具有创造力。例如，在元音前插入些许停顿就能把音节 ba 变成 pa。从感知角度上看，从 ba 转变为 pa 似乎是突然发生的。但如果我们在 ba 的发音过程中加入一点点停顿，此时它听起来依然像 ba；然后再加一点点停顿，还是 ba；之后再来一点，仍然是 ba；最后再加一点停顿：砰！现在它变成 pa 了。然而这个过程是快速发生的，并没有过渡带，我们会清楚地听到 ba 或 pa，就像开灯一样。听觉大脑将语言的声音划分成了不同的类别。对大多数人来说，如果以不同的 b-a 间隔来播放 ba 音节，只要在他们的脑海中都属于 ba 音，那么他们就无法区分出间隔有所不同。

但有失读症的人有时会比普通人更容易区分出同一类别中不同的两个音[57]。在这方面，**他们的听觉大脑保持着更加敏锐和灵活的洞察力**，而那些善于倾听并学会在固定范围内运作的人，则失去了维持创造力的可能性。例如爱因斯坦、史蒂芬·斯皮尔伯格（Steven Spielberg）、爱迪生、安迪·沃霍尔（Andy Warhol）和阿加莎·克里斯蒂（Agatha Christie）等人，他们都存在不同程度的阅读障碍，但他们却展示出了令人惊叹的创造力。

孤独症患者通常有严重的语言障碍，但与此同时，他们在其他领域（通常是基于记忆的领域）又拥有非凡的才能。早在 18 世纪，人们就将这些才能归纳为五个领域：音乐、艺术、历法、数学和机械或空间技能[58]。有趣的是，以语言为基础的天赋偶尔也会出现，比如有人拥有极高的多语种天赋，或在很小的时候就表现出极强的阅读能力[59]。不过，这种现象十分罕见。

性别差异和语言障碍

很多人可能听说过，出现语言障碍的男性往往多于女性。事实上，据报道，有阅读障碍的男性和女性之比超过了 2 ： 1[60]。那么，通过观察男性和女性的声音加工过程，我们能否找到线索来解释这一现象呢？此外，男性的大脑和女性的大脑听到的世界是否不同呢？

生物学上的性别差异，除了在那些显而易见的方面之外，在其他许多领域也都有所体现，尤其是在声音方面。声音交流中的性别差异在动物中普遍存在。例如，雄性鸣禽是典型的歌者，它们会用歌声来吸引雌性，而雌性则根据自己最喜欢的旋律来选择配偶。类似地，雄性座头鲸也会用歌声来吸引配偶。而某些雌鸟则会通过优化鸣叫的时值来避免噪声干扰[61]。雌雄两性在发声上存在普遍性的差异，提示了两性在加工声音方面可能会有所不同[62]。即使是同一性别的生物，例如同是雌性小鼠，但不同个体的听觉系统也会因是否有过妊娠经历而有所不同[63]。

听觉实验室

在脑伏特实验室，我们研究了超过 500 名学龄前儿童、青少年和成人在加工声音要素时的性别差异[64]。男性和女性在对声音起始的反应时间上存在不同，这在几十年前已为人所知[65]。而在处理其他未曾被研究过的声音要素方面，我们也发现了两性间的差异和共性，包括谐波和基频大小，以及辅音和元音切换所需的微秒级时值特征（调频扫频）。研究结果表明，学龄前的男孩和女孩对这些声音要素的处理具有相似性，到较晚的年龄段，性别差异开始出现，例如青春期或成年期（见图 7-5）。这种差异可能是由激素变化或生活经历等因素造成的，具体原因尚未可知。而反应一致性和神经背景噪声水平等其他指标，在处于任何年龄段的不同性别个体之间，都没有发现明显的差异[66]。

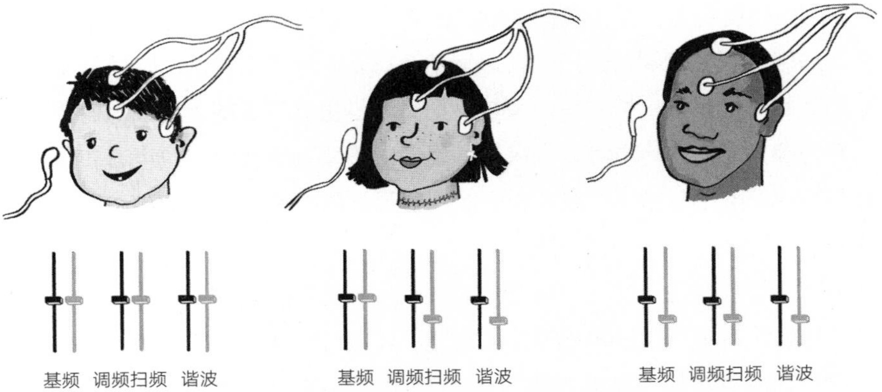

图 7-5 声音处理方面的性别差异会随年龄增长而显现

学龄前的女孩和男孩的 3 种声音要素是相似的；到了青春期，调频扫频和谐波开始出现性别分化；对成年人来说，男性和女性在基频、调频扫频和谐波这 3 种成分上都存在差异。而在反应一致性和神经背景噪声的水平方面，任何年龄段均不存在性别差异。（图中黑色滑钮表示女性，灰色滑钮表示男性）

声音加工方面的性别差异有助于我们理解为什么男性似乎比女性更容易出现语言障碍。**从整体上看，男性和女性对声音的反应存在差异：男性的反应比女性差，且反应可能更微弱或延迟时间更长，这表明，不同性别的人在加工语言时，可能存在着生物学上的差异。**值得注意的是，在调频扫频和谐波处理方面也存在性别差异，而这两种声音的成分以及反应一致性与语言能力都极为相关。那么，这些由性别造成的差异对人类有什么作用呢？也许有一天，我们能证明，这些微小却有意义的听觉差异对沟通或其他尚未发现的功能而言很重要。

用声音提升语言能力

对于语言学习策略如何改善大脑对声音的加工过程，我们目前有了更深入的了解。如果我们能根据一个孩子在蹒跚学步时的大脑状态，推测出他在7岁时的阅读能力，那么我们就能及时采取一些行动，以避免负面结果的发生。海德公园走读学校使用的听力辅助系统就采用了这类策略，而普罗维登斯市的可穿戴词汇计数方法以及默策尼希和塔拉尔开发的听觉训练游戏、本奈斯为婴儿开发的玩具等，也采用了类似的策略。随着我们对声音和语言之间联系的理解逐渐加深，或许我们能找到更好的方法，来帮助孩子发展语言技能。

目前，音频声学技术正在蓬勃发展，我期待看到它们能变成主流，而不是仅仅在海德公园走读学校这样的小范围内使用。我的一位学生有语言障碍，她戴着一个听力辅助设备，以便接收来自麦克风的信号。我在教学时也会戴着麦克风，它像项链一样。有一天下课后，我和她交换了各自佩戴的设备。当我戴上听力辅助设备后，我能清楚地听到她在教室另一端发出的声音，这给我留下了深刻的印象。可以想象，这项技术能帮助身处嘈杂环境中的任何人，所有人都能从更强的语言技能中受益。

作为一个经常思考声音的人，我想知道新的体验声音的方式会对大脑的听觉系统产生什么样的影响。大多数情况下，我都是在丈夫的读书声的陪伴下入眠的，但其实我也听有声书。那么，这对我的听觉大脑以及我阅读、说话和思考的方式会有什么影响呢？在理解和记忆方面，听书和读书似乎是相似的[67]，而在某些情况下，听书可能更好。我发现，对于莎士比亚写的那些古老的文字，听比读更容易让人理解；而演员的声音中包含的讽刺、幽默或其他线索，也能帮助我们对听到的段落进行全面的解读。此外，大声朗读还可以加深我们对所读内容的记忆[68]。我认为，我们更倾向于通过声音而非文字来理解和记忆语言，因为在人类具备读写能力之前，听力已经进化演变了几十万年。

有声读物拓展了我们的阅读机会。我经常会戴上入耳式耳机，在收听声音的同时屏蔽掉烹饪、锻炼或火车带来的背景噪声。我期待能理解对同一篇文章分别采用听或读的方式进行加工时，其对应的生物学基础有何不同，以及不同个体间存在什么差异。我也想知道，听有声书会对听觉大脑的进化演变产生什么样的影响。

第 8 章

音乐和语言的合作关系

“刚刚是谁发出的声音？”我丈夫边走边问。我当时正与两位男士聊天，他们是来我家搬走旧沙发的。然后，我丈夫转向其中一人，问道：“你有没有考虑过做旁白配音，或者以声音为职业？”我并没有发现这个人的声音的特别之处，但事实上，他的确是一名配音演员。由于我丈夫是位音乐家，因此他会不断地提醒我去关注很多人注意不到的声音。例如，当我们一起走在街上，听到摩托车的声音时，我只会想到“摩托车”这个词，而我丈夫却能“听”出声音产生的模式。**由此可见，音乐经验的确能训练听觉大脑对非音乐性的声音的敏感度**。

音乐与语言相互影响

尽管音乐可以将我们联结起来，但它并不是表达准确信息的好方法。例如，我们很难用钢琴声表示火车站的方向，也很难哼唱出篮球比赛的分数。然而，音乐和语言在发声模式上的关联并不是偶然的。音乐家在语音加工方面有优势，然后会通过语言来提升交流效果[1]。那么，音乐和语言之间为什么会存在这样的关联呢？

音乐可以影响语言，这个观点源自阿尼鲁德·帕特尔提出的“OPERA”假说[2]：O（Overlap）表示负责音乐和语言加工的大脑网络有重叠；P（Precision）表示音乐处理的精度，虽然我们能听懂非母语者糟糕的口音，能在手机信号差的时候听懂对方的话语，但对于音乐而言，即使时值、音高或谐波出现微小的偏离，也会破坏乐感，因此，音乐的声音加工需要更高的精度，这样，音乐演奏者才能更好地理解其他声音；E（Emotion）表示情绪，音乐调动的大脑奖赏系统会驱动我们对声音所隐含的情感进行感知；R（Repetition）表示重复，即我们通过不断地练习和演奏音乐，将声音和含义联系起来，使神经回路得到训练；A（Attention）表示注意力，指我们对自己所关注的东西学得最好。由此可见，如果我们能每天花大量时间练习音乐技能，那么将会以一种有助于语言技能发展的方式，使自己的听觉大脑得到训练。

反过来，语言也会影响音乐。例如，英语口语和法语口语有着不同的语音节奏模式，英语侧重的是重音，而法语侧重的是持续时间。英国作曲家埃尔加和法国作曲家德彪西的作品，在节奏模式上与他们各自所说的口语非常接近——音乐是作曲家的语言。

语言和音乐的最小单位分别是音素和音符，它们构成了更长的单词、句子以及乐句和歌曲，并能传递信息。在这两种情况下，将小单位组合成更长的单位都会受到语法和语义规则的限定。正如未经正式训练的孩子会尝试理解和创造语言一样，我们也会在非正式训练的情况下，尝试记忆和演奏音乐、随着音乐舞动和敲节拍，以及感受音乐带给我们的情感。我们可以辨别出错误的音符，识别出不符合音乐句法的情况，就像识别出不符合语法规则的语句一样。通过音乐训练，这些技能可以得到强化。要想演奏音乐，我们需要以符合预期的方式在正确的时间节点上演奏音符，并且不断训练听觉大脑使其能判断演奏过程正确与否。

语音和音乐声中也有类似的声音要素。语音的声音特征包括频率（例如 ee 和 oo 之间的差异）、时值（例如 bill 和 pill 之间的差异）以及时值和频率之间的相互作用（例如 ball 和 gall 之间的差异）。对于语言的声音的认知，即语音意识，是我们得以学会阅读的基础。我们可以用以下方法来测试语音意识：尝试在不发出 /iː/ 这个音的情况下，念出 please 这个英文单词。研究发现，从小接受音乐训练的孩子在这项任务上以及在其他对语音进行操纵任务上的表现，都比未接受过音乐训练的同龄孩子更好，并且这种表现还与辨别旋律的能力密切相关[3]。

接下来谈谈混音器和声音要素。当我们用音节 da 来探测音乐家的大脑反应时，发现了声音要素的增强对语言能力的重要性（见图 8-1）。谐波这种声音要素有助于人们区分乐器音色及语音音节。其他的声音成分，例如发生在辅音与元音相互切换时的时值信息和快速调频扫频，也能增强音乐家理解语音的能力。

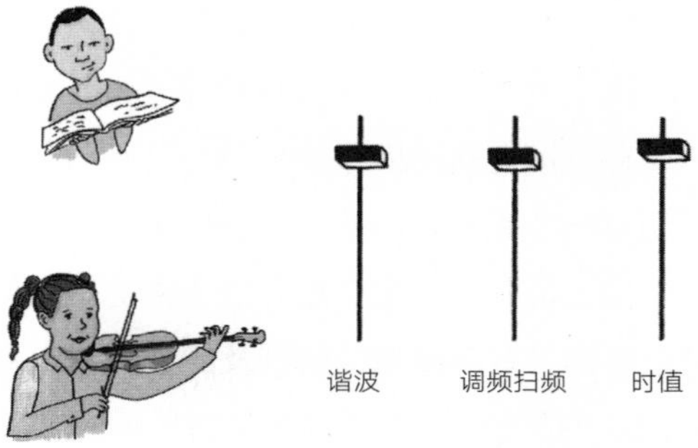

图 8-1　语言与音乐的特征是一致的

音乐家的大脑优势

音乐训练加强了大脑对声音要素的加工能力，这就是为什么从小接受音乐训练的孩子在语言技能方面优于同龄人。另外，音乐训练对识文断字能力的提高也至关重要。演奏音乐和阅读时，都需要在声音与含义之间建立联系。而在我们能够流畅且自主地阅读之前，会花很多时间来练习发声。例如，我们学习字母 t 和 r 的发音，再加上两个简单的字母 e 的发音，把它们组合在一起，就发出了 tree 这个单词的读音。在这个过程中，我们会了解到哪些字母组合有意义，哪些没有意义。我们也会学习到语言的模式和技巧，如以“-ght”结尾的单词的“gh”可以不发音，就像是单词 fight 和 caught。另外，我们会发现或推测出，英语单词的前后缀拼写可能与紧跟其后的辅音有关，比如前缀应该用“im-”还是“in-”取决于后面的辅音，例如 impressive 和 inscrutable。

音乐中也有一些类似的规则，音乐家会在乐谱上将音高与时值标注出来，如在五线谱上，音符的高度反映了其音高，而休止的时长取决于五线谱上标注的黑色矩形是位于线上还是垂到五线谱下。同样，音乐家也基于经验总结出了某些“和弦进程”与“和声关系”的固定搭配。

语音和音乐之间除了有类似的正字法规则（声音与字母、声音与音符的正确搭配）之外，还有节奏方面的相似性。每到马丁·路德·金纪念日，我和丈夫都会收听《我有一个梦想》的演讲。但如果现在由我来念出马丁·路德·金的演讲稿，效果可能并不理想，因为该演讲的绝大部分影响力源自马丁·路德·金的语言节奏。**音乐训练中会涉及的节奏感以及节奏处理能力**[4]**，是语言和阅读得以成功的关键**[5]。将孩子参与音乐课程或节奏训练前后的表现进行对比，结果表明受过训练后的孩子在语音意识[6]、阅读[7]和语音的神经处理方面[8]均有所改善。语言中最具挑战性的是区分与时值相关的声音，**如 ba 与 ga 或 ba 与 pa 这种存在微妙时值差异的音节。因此，接受过音乐训练的孩子，或者说被音乐调谐过的孩子，他们的语言发育以及阅读方式都会受到影响。**

听觉场景分析：噪声辨音与音乐家的大脑

我们生活在一个嘈杂的世界里，必须努力地适应周遭环境，如火车站、飞机场、餐厅、教室、操场等。我们置身于嘈杂环境中的时间，可能超过了在安静环境中度过的时间。我们的大脑非常擅长从不相关的声音中提取出相关的声音，这种能力属于“听觉场景分析”范畴，是听觉大脑组织声音场景、建构有意义的世界的一种方式。通过将交谈伙伴的声音组合成集成对象，我们可以在例如聚会等嘈杂的言语背景中准确锁定他的声音。总体而言，某些人在这方面的表现较为优异，音乐家尤甚[9]。

这种听觉优势并不局限于专业的音乐家，对于初学者也是如此。

听觉实验室

我们在语法学校研究了音乐专业的学生在嘈杂环境中辨别语音信息的能力：在被试开始音乐训练前，我们评估了他们的听觉能力；在接下来的两年内，我们每年都会再次评估。训练一年后，我们发现，他们的听觉能力只略微改善了一点；但他们在经过整整两年的常规音乐训练后，他们忍受背景噪声的阈值明显提高了，并且能准确地复述出噪声背景中的句子[10]。

当听觉环境良好时，音乐家和普通人之间的差异并不明显。例如，当音乐家和普通人在良好的听觉环境中听演讲时，大脑的兴奋程度相同；而当环境中的噪声干扰增加时，音乐家的优势就会显现出来（见图 8-2）[11]。在大脑对声音的生理反应中，我们也可以看到类似的听觉加工模式[12]。例如，在听觉环境较差时，从脑成像图和脑电波神经电生理图像来看，普通人的大脑反应相较而言更弱。

为什么音乐家的听觉大脑更擅长在噪声中捕捉语音信息呢？前文提过的“OPERA”假说为我们提供了一些线索。此外，我想把节奏（Rhythm）和工作记忆（Working Memory）添加进来，因为它们作为另外两项关键因素，对音乐家而言至关重要。

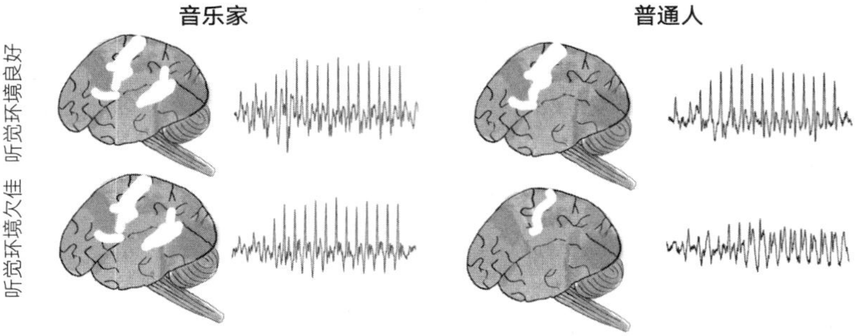

图 8-2 音乐家的大脑对声音反应更具优势

在听觉环境欠佳时，音乐家的大脑对声音的反应更强烈（脑成像图中的白色区域）。这一现象在生理波形图中同样有所体现。

语音的节奏使我们能填补声音信号中被噪声干扰而形成的间隙，当噪声掩蔽了语音时，潜在的节奏会帮助我们预测那些无法辨认的单词。因此，鼓手似乎特别擅长从噪声中辨识出语音信息[13]。

工作记忆对追踪交谈进程至关重要，如果你的工作记忆能力很好，无论你是不是音乐家，你在噪声环境中都会有更好的听力表现[14]。音乐训练是一种提升记忆能力的好方法[15]。通常，理解声音非常依赖于我们的思维能力。乔·萨克斯（Joe Saxophone）曾表示，**当一个人拥有良好的工作记忆时，他在处理任何任务时的能力都会更强**。由于音乐家在追踪音高轮廓[16]和声音模式变化[17]方面有明显的优势，因此他们可以辨别噪声中包含的结构最长、语义最复杂的句子。

对此，尽管很多人有不同的看法[18]，但有证据表明，无论是否因为音乐家大脑的声音加工能力以及节奏感知和工作记忆功能更有优势，还是说他们有其他尚未被发现的潜能，**音乐家都能通过锻炼听觉大脑，更加高效地分析听觉场景。**

音乐家进行音乐练习的用功程度和起始年龄，都会影响其在噪声环境中的辨音能力。这表明，随着经验的积累，他们的辨音能力会不断增强。

通常情况下，随着年龄的增长，很多人会中断音乐训练。即便如此，至少在某种程度上，音乐训练带来的积极影响会一直延续下去。音乐训练是一项绝佳的投资，可以让我们在年少时[19]，甚至几十年后受益[20]。**一旦大脑学会如何将声音和含义紧密联系起来，它就会一直自动强化这项技能。**

探索音乐学习的运作机制

很多老师曾激动地对我说，学音乐的孩子在学校里的表现更好。虽然老师每天都能见证这样的情况，但其他人则难以理解这种现象。这些人曾问我："学音乐的孩子的大脑里到底发生了什么？"

大约 10 年前，玛格丽特・马丁（Margaret Martin）找到了我。她是洛杉矶的一项非营利项目"和谐项目"（Harmony Project）的创始人，她创立这一项目是为了让有需要的儿童能玩上自己所需的乐器，并确保他们得到最好的音乐指导。玛格丽特拥有公共卫生方面的博士学位，她认真地记录了学生的成绩，亲身体会到了音乐对学生学业进步的益处。

"音乐可以让有学业问题的年轻人免于辍学，"玛格丽特曾经这样对我说，"音乐能让他们成为家里第一个上大学的人。如果能得到您的帮助，我们可以深入了解音乐学习的运作机制，然后可以更好地推广这些方法。"后来，我们便开始了合作。

此外，我也和其他人进行了交流，如芝加哥公立学校系统的音乐总监凯特·约翰斯顿（Kate Johnston），她在一所以音乐教学为主的学校里教书。这所学校除了教英语、历史和数学之外，还将音乐教学当作学校生活的重点。因此，差不多在同一时间，我们启动了两个重要的、在逻辑上具有挑战性的纵向神经教育学项目，以研究音乐体验对人的听觉大脑的影响①。

自然环境中的音乐

我们之所以热衷于开展这些研究，是因为它们可以为研究自然环境中的音乐体验如何影响神经系统提供难得的机会。我所说的“自然”是指长期存在的、成功的音乐训练，而不是科学家设计的机械化程序。同时，这也是一个从听觉大脑的视角来了解现实世界中的音乐、学习和教育成就之间相互作用的生物学逻辑基础的好机会。

“和谐项目”招募的都是小学二年级的学生，他们刚刚开始接受音乐教育。这个项目由当时的研究生达娜·斯特雷特（Dana Strait）负责。她带领着一个 4 人小组，在一间储藏室里开展了研究。开始研究之前，他们花了 3 年的时间才将这间储藏室改造成自己的实验室，虽然仍然实现不了声学屏蔽和电学屏蔽。在这里，他们会花 3 小时来测试每位学生的噪声听力、阅读能力、认知功能及其大脑对声音的反应。

芝加哥公立学校的项目虽然离我更近，但其时间跨度却是“和谐项目”的 4 倍。芝加哥公立学校的学生从九年级开始参与这项研究，一直到高中毕业。对他们中的大多数人来说，高中第一年都是自己第一次接触音乐教

① 神经教育学采用神经科学方法来理解学习在大脑中是如何发生的，进而帮助学校提升教学方法和学生的学业成绩。

育。我们在脑伏特实验室做了很多测试，而且在珍妮弗·克里兹曼（Jennifer Krizman）的带领下，我们还在芝加哥公立学校定期组织了“群测试集市”。克里兹曼为了深入了解参与项目的学生，会经常打电话或发信息联系他们，甚至还参加了每位学生的毕业典礼，并帮他们写了不少推荐信。毕竟，想让青少年们坚持做某件事，的确有些困难。我们准备了计算机、成堆的测试材料、神经生理学设备和充足的食物，以便能全天候不间断地收集数据。最终，我们的研究持续了 5 年，开展了多种测试，每年约有 200 人参与。

为了顺利开展这两个项目，我们将团队和设备转移来转移去，以确保每年的研究条件不会发生大的变化。在这个过程中，克里兹曼和斯特雷特都竭尽所能地满足所有参与人员的需求，以便他们能一直坚持下去。

音乐家是天生的还是后天培养的

对“音乐家优势”这一说法的最大质疑，来自人们对因果关系的怀疑，因为相关性并不意味着存在因果关系。例如，乔迪弹了 20 年钢琴，她的大脑白质比从未学过乐器的皮特要多，这能否说明乔迪的大脑白质比皮特多是因为她演奏音乐而发育的多？还是说乔迪天生如此？也有可能是乔迪大脑白质的某种运作方式引发了她对音乐的兴趣，因此她从一开始就愿意弹钢琴。再比如，弗雷德 4 岁时其右侧大脑运动皮层非常大，然后他是出于某种生理需求而要求他的父母给自己找琴师吗？

一个人会被音乐吸引，很难说没有先天因素的作用。有些人由于其大脑和身体上的某些特性，更容易成为音乐家。不过，根据我丈夫从数十年的音乐教学中观察到的那样，那些渴望演奏的人取得的进步最大。也就是说，我们关心的事情会塑造我们的听觉大脑。因此，我们实验室把工作重点转向研究音乐能力的培养上，因为培养是我们有能力实施的。

因果关系，或先天与后天孰轻孰重的问题，基本上可以通过纵向调查来解答，因为将被试与他们自己进行比较最能说明问题。纵向研究为我们提供了强有力的证据，结果表明，音乐培养可以重塑听觉大脑。在这项实验中，对照组会参加另一种有益健康的活动，该活动的时长与实验组的音乐培养时长相同（见图 8-3）。

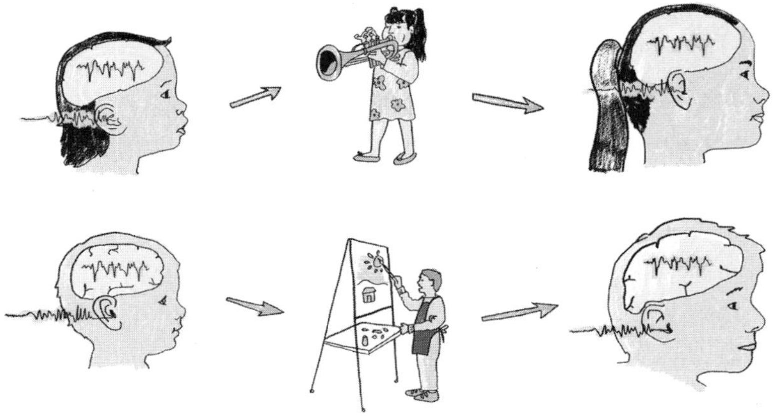

图 8-3　一种神经教育学纵向研究设计

我们所学到的

学音乐的孩子在学业水平和听力技能上的提升，得益于其听觉大脑的声音加工能力的加强[21]。在参与洛杉矶"和谐项目"的小学生和芝加哥公立学校的中学生中，我们发现，**只有经历过音乐训练的孩子，其大脑加工特定声音要素的能力才会增强，而这些声音要素是阅读和语言发育必需的关键要素**（见图 8-1）[22]。这些孩子的大脑可以更好地处理谐波，以识别语音；也能更好地追踪时值信息和标志着"辅音—元音—辅音"转换的调频扫频信息。此外，在童年晚期开始进行音乐训练的高中生中，我们也发现了同样的现象，这证实大脑在听觉学习方面存在灵活性。

在研究音乐对大脑和语言技能的影响方面，脑伏特实验室并不是第一家和唯一一家开展纵向研究的机构。

听觉实验室

法国的米丽埃尔·贝松（Mirielle Besson）带领的研究小组发现，8 ～ 10 岁的儿童在接受一年的音乐训练后[23]，他们的大脑对语音（不包括音高）的时值和时长的处理能力都增强了。他们还发现，这些儿童的大脑在声音加工能力提升的同时，也伴随着语言智力、阅读能力和认知功能的提升。而在接受了相似时长的其他艺术训练的对照组成员身上，没有出现类似的结果[24]。

另外一些研究人员发现，经过音乐训练的人，他们在注意力和记忆力[25]、听觉加工[26]、第二语言学习[27]、词汇量[28]、责任和纪律[29]以及屏蔽不相关声音的能力方面，都有显著的进步[30]。可以说，纵向研究加深了我们对生活中观察到的大脑发育加速现象的理解[31]。约翰·艾弗森在圣迭戈领导了一项名为“SIMPHONY”的项目，专注于研究接受音乐训练的儿童的大脑发育情况。

音乐训练可以弥补贫困对神经特征造成的不良影响

贫穷会增加人们的健康风险，例如阻碍听觉大脑的发育[32]。参与到我们在芝加哥公立学校和洛杉矶开展的音乐项目的孩子，大多数来自低收入社区。

研究发现，这些孩子对语音中的某些关键声音要素无法做出反应，表现出谐波反应缺失、辅音到元音的转换减慢以及神经稳定性（一致性）降低等特征[33]。影响语言加工的另一个原因是神经噪声过多，大脑因此而停止运作。受贫困影响的个体的大脑神经特征可参考图 8-4。为了便于理解，我们可以将其想象成在混音器上将声音要素的音量调低，同时将神经噪声调高，如图 8-5 所示。**而信号的减弱和噪声的增强正是妨碍声音正常加工的罪魁祸首。**

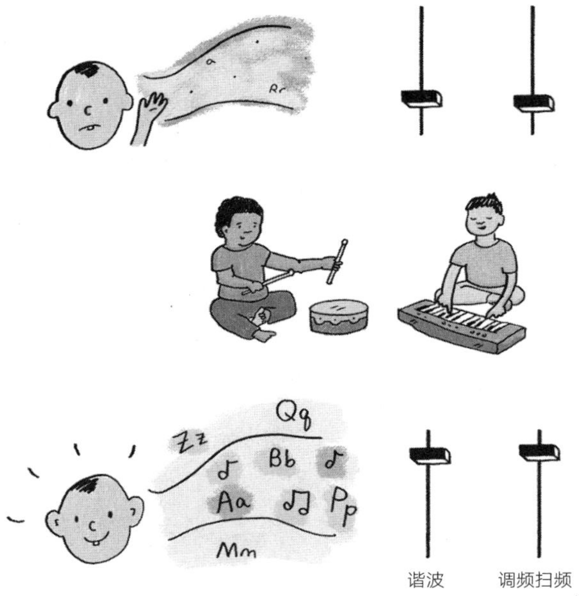

图 8-4　音乐训练可以弥补语言剥夺对个体的大脑特征造成的不良影响

音乐家通过对音高信息进行高效的处理，可以使声音听起来更清晰、音量更大。由此可见，音乐训练能增强大脑对谐波和关键时间线索的反应，在一定程度上可以弥补贫困对神经特征造成的不良影响，不过并不能提高大脑对声音加工的一致性。其他策略也可以起到相同的作用，比如说两种语言可以增加大脑中的声音信息，而经常运动则可以降低神经噪声。对听觉大脑加工声音要素的研究，为我们理解音乐家、双语者和运动员之间的差异和互补机制提供了洞见。

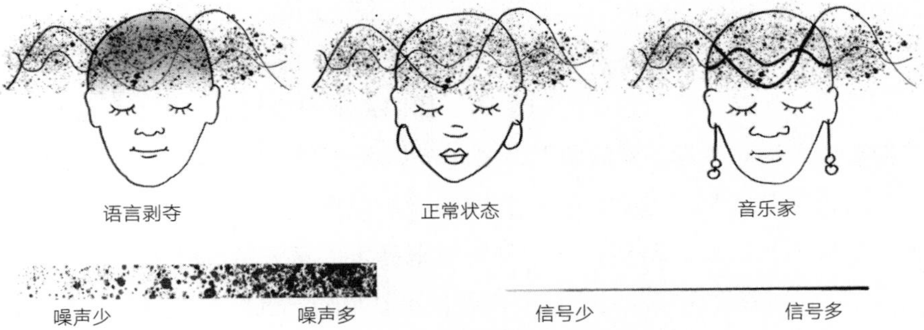

图 8-5　不同情形下声音加工的差异

与正常情况（中）相比，贫困（左）会使大脑中的噪声变强，并使大脑中的信号减弱；而音乐训练（右）则可以使大脑中的信号增强。

缩小成绩差距

与社会经济地位高的同龄人相比，来自低收入地区的孩子的阅读能力和其他方面的学业能力往往表现平平[34]。而这种成绩差距会随着孩子年龄的增长而扩大[35]。在洛杉矶开展的研究中，来自低收入家庭的小学二年级学生的阅读分数相较更低，而且，他们的成绩通常还会继续下滑。相比之下，同样贫困但在“和谐项目”中参加了音乐训练的学生，其阅读能力则可以保持稳定[36]。

观看体育运动并不会让人变得身体健康

听音乐在一定程度上能让人放松身心、缓解压力和调节情绪[37]，对注意力、记忆力、运动同步和推理能力也能起到暂时的促进作用[38]。原因可能在于，聆听令人愉快的音乐可以促使大脑增加分泌多巴胺[39]，而且愉悦的情绪也会提升思考能力[40]。此外，听音乐也有助于神经系统疾病的治疗或康复，例如认知障碍和帕金森病以及脑卒中[41]。尽管人们普遍认为，婴儿在摇篮里甚至在母亲子宫里就接触古典音乐是有益的，但到目前为止，仍然缺乏明确的证据证明仅仅通过听音乐，就能对听觉大脑产生持久性的影响。

通过“和谐项目”研究可以看出，**我们必须积极地参与到音乐活动中，才能改变大脑对声音要素的加工过程。**该项目一开始会对孩子进行音乐基础训练，包括让他们细致地、有目的性地聆听音乐，并且进行少量的演奏训练。研究人员发现，直到孩子们开始演奏音乐，其大脑才会出现显著的变化[42]。实际演奏音乐是改变大脑对声音的默认反应方式的先决条件，要想让大脑在声音加工方面产生持久的变化，就必须进行训练和反复的练习。

大脑重塑需要时间

评定研究生申请材料及简历是我工作的一部分，后来，我发现了一个越来越常见的现象：申请人会陈述自己有很多经历，但他们在每项经历中付出的时间却少得可怜。例如，许多人似乎只在某处待了几分钟，然后做了几分钟营地辅导员，接着又花了几分钟做了陶器。然而，根据我的经验，最有实力的学生是那些能在一两项活动中长期坚持的人。

在芝加哥公立学校和洛杉矶进行的纵向研究中，经过一年的音乐训练后，学生的大脑在声音加工方面并没有出现明显变化；只有完成两年的音乐训练之后，才能观察到他们的听觉大脑加工必要的语言成分的方式发生了根本性的变化[43]。

这意味着，音乐教育对大脑的影响无法快速实现，也不可能通过从一种活动换到另一种活动来实现，即使这些活动对大脑很有益。不过，虽然这种缓慢的变化看起来并不乐观，但也有积极的一面。不妨想象一下，如果大脑每时每刻都在发生根本性的变化，那将多么混乱。**从生物学角度来看，我们要想成为“我们”，需要长期且持久的努力。**

音乐教育的非凡价值

为什么我们应该支持音乐教育呢？从生物学角度来说，有以下几个方面的原因：

- 听觉大脑包罗万象，与我们的思维、情感和行动方式息息相关。音乐会以超出人们想象的方式调动整个听觉大脑，**借此让各个系统参与进来，进而重塑大脑网络，并加强大脑对声音的加工能力**。
- 诸多技能以及大脑活动都可以通过音乐训练得到提升，它们都是语言和阅读能力得以发展的先决条件。
  - 音乐训练可以提高学业成绩。
  - 音乐训练可以帮助缩短贫富差距导致的学业成绩差距。
- 音乐训练可以塑造独特的大脑特征，且与以下因素无关：
  - 演奏的乐器类型（包括声乐）。
  - 演奏的音乐类型。
  - 接受的指导类型（无论是团体指导还是单独指导）。
  - 接受的指导方式（无论是课堂教育还是私人课程）。
  - 讲师类型（无论是未获得正式音乐教师资格证的公立学校教师，还是职业音乐家）。
- 积极参与音乐训练才能改变大脑对声音的加工方式，被动倾听是不够的。
- 音乐训练对大脑的影响会一直延续到童年之后。
  - 在音乐训练中断很久之后，即便是到了老年时期，过往的音乐训练经历也能持续加强大脑对声音的加工能力。
- 音乐训练无法速成，改变大脑需要时间和毅力。
- 音乐在培养共同体意识方面有极佳的作用，如：
  - 音乐能吸引个体加入更大的群体中，在情感上愿意与他人协同工作，从而有助于群体形成社会凝聚力和共同目标。

- 音乐是一种通用语言，各种文化都延续着最初的音乐传统，因为乐声可以传达我们的情感和认知。
- 同步移动能促使人们协同合作。

除此之外，音乐还有助于降低经济成本。例如在美国，每年监狱监禁每名罪犯的开销约 3.5 万美元。而包括诉讼费、警务费、假释费和保释费等在内的年度总成本，估计超过了 1 800 亿美元；再加上与之相关的社会成本，监禁罪犯的财政负担估计每年高达 1 万亿美元。但是在美国，每年为治疗注意力问题而购买药物的花费，只有 206 亿美元。音乐教育可以帮助孩子远离困境，而其开销却只相当于药物和监禁费用的一小部分[44]。

但与此同时，音乐教育有一种不可测性，即它的一些最重要的益处是难以量化的[45]。从整体上来说，音乐有助于孩子的发展，如帮助他们与他人建立持久的友谊，长期规律的音乐练习能培养他们的专注力和自制力，参与合奏（合唱）能帮助他们形成团队意识，而舞台表演能帮助他们建立自信心。对孩子来说，音乐教育能为他们带来新的维度，其他任何学校课程都达不到这一点。演奏乐器时的动作是一种思维和认识的非语言表达形式，是通向更高、更丰富的意识维度的一条路径，是对情感的自我认识，也是提高审美敏感度的一种方式[46]。正如音乐教育家贝内特·莱默（Bennet Reimer）所说："音乐属于基础教育，音乐体验是所有人构建基本人格的必经之路。"[47]

这些不可测的因素是真实存在的，但不同于认知和语言技能，我们无法轻易地测量它们，我们也不太可能采用临床试验的方法来确定音乐教育是否能有效地给人带来这些"不可测"的益处。事实上，在音乐训练实验中，每添加一层控制条件，往往都会掩盖掉"使音乐成为音乐"的不可测因素。

尽管我是一名科学家，但我认为，科学研究工具并不能解决所有问题。音乐训练中所包含的不可测的益处与可测的益处同样真实且重要。而且，我期望人们能了解到，不可测因素对可测因素也有很大的贡献。

从听觉之脑的角度谈音乐教育

如果我们有足够的资源，能把音乐教育变成基础教育的一部分，那么理想的音乐教育是什么样子的呢？最简单的音乐教育形式并不需要花哨的乐器或音乐设备。孩子拥有的第一件“乐器”，就是他们的嗓子，事实上，所有的人都是这样，歌喉比所谓真正的第一件人造乐器的诞生早了数千年[48]。我们只需要用手或一些锅碗瓢盆和木勺，便可以敲出节奏。此外，音乐训练的启蒙越早越好。

在过去的 30 多年里，伊莎贝尔·佩雷茨（Isabelle Peretz）一直在研究音乐对认知神经的影响。她的研究对象从音乐神童到五音不全的人都有涉及，她始终认为，每个人都有音乐天赋。在正态分布曲线的两端分别是有音乐天赋的人和没有音乐天赋的人，二者均占 2.5%。佩雷茨说道：“值得注意的是，**这表明如果投入足够的时间来进行练习，绝大多数人都可以达到专业的音乐水平**。”[49]

实际上，教授音乐是一种文化融入的方式，也是一种创造共同体意识和归属感的方式，而好的课程有赖于好的老师[50]。在我看来，建立奖励优秀音乐教师的教育制度很有必要。

我们在对被试进行定期回访时了解到，他们大多是“凭借耳朵”（即通过听奏和模仿来学习）或视奏来演奏音乐的。我惊讶地发现，他们每个人的演奏方式几乎都能被归到这两类。既然如此，我们为什么不能同时教授这两种方法呢？孩子们大都喜欢模仿，**我们可以向他们展示如何演奏一段作品，然后让他们模仿，再向他们展示如何把视听结合起来，我将这称为“音乐双**

语”方式。孩子们通过模仿、视奏和即兴发挥来演奏音乐，可以拓展他们的音乐创作范围，也有助于他们巩固音乐创作基础。虽然视、听这两种不同的演奏方式都能优化听觉大脑，但兼具这两种方式的“音乐双语者”的听觉大脑[51]似乎更加灵敏。此外，由于乐谱也是一种通用语言，事实上，阅读乐谱和阅读文字会用到相似但不完全重叠的脑区，因此，练习任何一项都可以加强另一项的能力[52]。说到这儿，我很感谢我的钢琴老师，他曾为我学习摇滚和爵士乐的和弦及和声提供了很多帮助，还指导了我如何即兴创作，并教会了我弹奏贝多芬的作品。

不过，目前似乎很少有机构鼓励学生从学术或表演方向转向音乐教育或医学方向。其实，在教育或医学领域拥有稳定的工作，可以帮助音乐家充实自己的生活。而现在，音乐家、学者、音乐治疗师和临床医生之间存在着一些隔阂，例如他们对儿童的语言障碍和成人的脑卒中的康复都各自有一些治疗方案。在我看来，通过模仿、视奏和即兴表演的教学方式，尽早推进建立更完善的音乐教育体系，吸收各种音乐风格，有助于将不同领域的人群团结起来。因此我对音乐教育方法的观点与我开展交叉学科研究的经验是一致的。

音乐训练会使听觉大脑变得更好。因此，作为一名科学家，我认为，**我们应当在教育和医学中重视音乐的力量。**

第 9 章

双语大脑的秘密

一颗鸡蛋用法语说是 un oeuf，但只有一种语言够用吗？

如果我可以选择拥有哪种超能力，我希望我会说所有语言。

特雷弗·诺亚（Trevor Noah）在他的自传《生而有罪》（*Born a Crime*）一书中，讲述了他在高中时是如何用语言跨越种族派系隔阂的。在南非，由于种族隔离局势紧张，因此语言环境两极分化：白人说南非荷兰语，而黑人除了在官方场合说南非荷兰语，大多数时候都坚持说自己部落的语言。诺亚是混血儿，会说南非荷兰语和科萨语，因此他与学校里的白人和黑人都有联系，他在任何肤色的同学中都颇受欢迎，也让他成为少数几个能同时在白人和黑人的社交圈子里活动的人之一。

我喜欢见什么人就说什么语言，这样**双方就可以通过共同的语言来交流，从而建立深层联结**，并能产生归属感。这种归属感至少部分源于听觉大脑的神经回路与他人调谐到了相同的声音上。

在全世界范围内，有超过 50% 的人会说不止一种语言[1]。而在美国，只有 20% 的人会说两种及以上的语言[2]。那么，双语者的大脑与单语者的大脑有什么不同呢？如果会说第二种语言可以增加我们的词汇量，丰富我们的语法脚本，拓宽我们掌握的语言发音方式和视角，那么，我们会因此失去其他东西吗？以上这些问题其实由来已久，但尚未有定论。

无论是出于对负面经济影响的感知，还是出于对安全的担忧，自有记载以来，人类一直在妖魔化“外来者”，这已成为人类生活的常态。举例来说，“barbarian”（野蛮人）这个英文单词源于希腊语。希腊人最初发现外来者说话时会发出“bar—bar—bar”的声音，他们认为这代表着外来者尚未开智，所以不会正确使用语言。直到 20 世纪中叶，美国仍流行着这样一种“科学”观点，即非英语母语者的智商不如英语母语者，尽管他们的英语说得很好[3]。更有甚者，1952 年出版的一本儿童心理学教材中竟然写道：“毫无疑问，在双语环境中长大的孩子在语言发育方面是存在障碍的。”[4]当时美国社会存在的大部分对双语的偏见，与人们对南欧和东欧的移民日益增加持消极态度有关。1907 年，美国国会召开的迪林厄姆委员会（Dillingham Commission）认为，来自南欧和东欧的移民对美国社会构成了严重威胁[5]。调查人员将英语词汇和以英语为中心的知识结合起来，并对被试进行了测试，据此得出了一个结论：与 40 年前抵达美国、随后定居并被同化的盎格鲁 - 撒克逊人和北欧移民相比，当时移民到美国埃利斯岛的欧洲移民“智力低下”。该结论推进了美国读写能力测验的开展。而这一方案的实施曾一度降低了整体的移民率，并在数年内几乎阻止了亚洲的移民来到美国。

在之后的几年里，该委员会的立场有所软化。逐渐地，人们开始普遍意识到，如果控制留美时长等因素，双语者在某些方面的确可以带来好处，但在其他方面可能也有坏处。而一个世纪前，参加迪林厄姆委员会的人却没有考虑到这一点。

接下来，让我们从听觉大脑的角度来讨论双语能力，从而弄清楚这种语言超能力隐藏着什么样的秘密。

听觉大脑的语言适应性

从理论上讲，任何人都能说任何语言，因为说话所需的解剖结构是相同的。然而，对于一个成年人来说，适应一门新语言的发音是很困难的，因为任何两种语言几乎都有相互不兼容的发音。以声音的时值成分为例，将声带开始振动的时刻与嘴唇张开的时刻（称为发声起始时刻）相对比，可以区分单词 bill 和 pill。如果你在声带振动后马上开始发声，会发出辅音字母 b 的音；而如果在声带振动后稍等片刻再发声，则会发出辅音字母 p 的音。还有一些语言存在“预发声”的特点，即在你张开嘴之前，声带就开始振动了。而对英语母语者来说，他们几乎无法察觉到预发声；以这种方式发出的声音，在他们听起来仍然像辅音字母 b 的音。比如，在印地语中，预浊辅音指的是一组很容易辨认的声音，它们很容易与其他声音区分开来[6]。而在英语中，这种区分没有什么用，因此英语母语者的听觉大脑并不会劳心费力地对此进行区分[7]。

将语言的声音分门别类地划分成不同知觉的原理，被称为分类知觉[8]。例如，在英语中，如果在辅音 b 和元音 i 之间增加 50 毫秒的无声间隔，那么会将单词 bill 发成 pill 的音；那如果只增加 25 毫秒的间隔，我们会发出单词 bill 和 pill 的混合声音吗？

听觉实验室

对于这个问题，已有研究进行了详尽的阐明，答案是否定的。从 0 ～ 50 毫秒，如果我们以 5 毫秒为固定增量逐渐延长无声间隔，那么通常在 30 毫秒左右，知觉会在辅音字母 b 和 p 的发音之间发生非此即彼的变化。从 0 ～ 25 毫秒，我们感知到的都是字母 b 的发音；从 30 ～ 50 毫秒，感知到的则都是辅音字母 p 的发音（见图 9-1）。而如果缺少发声起始时刻信息，就会产生单词 bill 和 pill 的模糊混合音。如果让讲英语的人听一对分别延迟了 20 毫秒和 30 毫秒的单词，然后让他们判断这两个单词相同与否，他们会立即回答说“不同”，因为对他们来说，这两个延迟间隔跨越了区分辅音字母 b 和 p 的读音的知觉界线。而如果让他们区分分别延迟了 30 毫秒和 40 毫秒的一对单词，那么他们会回答“相同”，因为在这种情况下，两种发音都被归为单词 pill，他们很难根据自己的语言经验在知觉层面将其分辨出来。

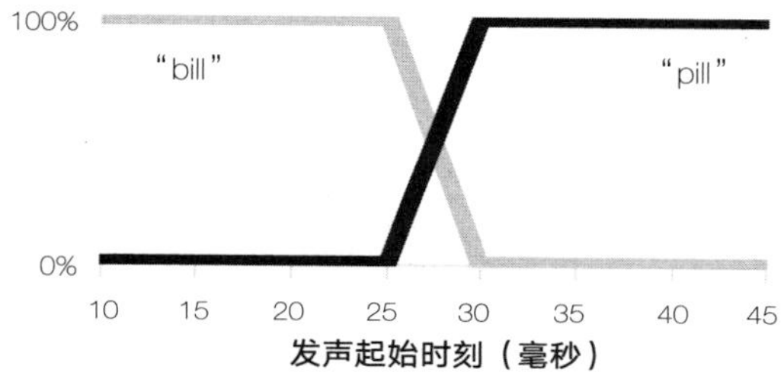

图 9-1　分类知觉图示

随着发声起始时刻的延迟，理想情况下被试会 100% 地听到单词 bill 的发音（灰线），而当时间延迟增至 30 毫秒时，被试认为自己听到的根本不是单词 bill 的发音，转而完全相信自己听到的是单词 pill 的发音（黑线）。

这就是为什么印地语的预浊辅音对英语母语者来说很难区分，因为英语母语者仍未建立一个类别来区分它们。一开始英语母语者可能会将其归类为浊辅音，而通过练习，他们可以区分浊辅音和预浊辅音。凯利·特伦布莱对一些英语母语者被试进行了训练，以便他们能听出那些印地语母语者可区分的预浊辅音。结果表明，如果训练足够充分，他们就能听出来，他们大脑的听觉反应也会随之改变[9]。

声音感知能力也可以转化为语言能力。训练说日语的人区分英语中字母 r 和 l 的发音区别，有助于他们正确地发出这两个字母的音，这说明听觉大脑在不同任务中是高度关联的[10]。

在美国和意大利之间往返时，我深切地体会到了这种听觉－运动及听觉－语言上的联系。例如，从美国刚到意大利的最初几天，我在说意大利语的时候，嘴里好像被塞满了弹珠，发音不清，但经过几天的适应，我就能很流畅地说意大利语了；而当我从意大利返回美国时，同样会经历这种语言流利度滞后的情况。

当监测到一段规律声音序列突然发生某种改变时，大脑会产生失匹配负波。而且，规律序列和突变声音之间的声学差异越大，失匹配负波就越大。前文曾提到，语音频谱中峰谷的相对高低是决定我们发出哪种语音信息的声音要素。爱沙尼亚语（见图 9-2 上图）中有 4 个元音：/o/、/õ/、/ö/、/e/，它们在声谱图上的中心频率分别约为 850Hz、1 300Hz、1 500Hz 和 2 000Hz，爱沙尼亚人的听觉大脑能系统地将它们区分开。此外，声学差异较大的一组元音（例如 /e/ 和 /o/）比声学差异较小的一组元音（例如 /e/ 和 /ö/），能激发出更大的失匹配负波。

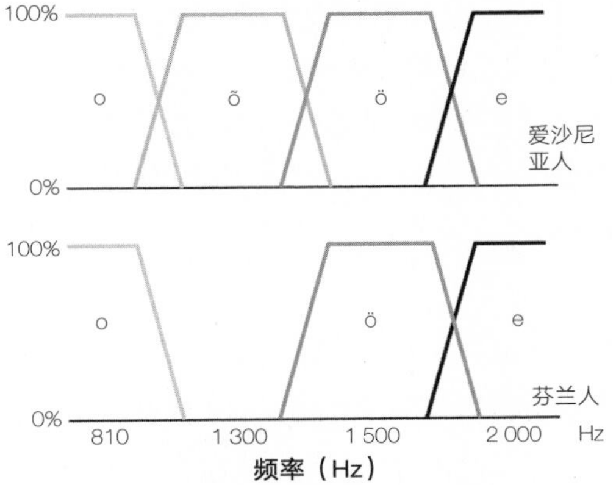

图 9-2　4 个元音所对应的声谱图图示

o、õ、ö、e 这 4 个元音的中心频率分别约为 850 Hz、1 300 Hz、1 500 Hz 和 2 000 Hz。爱沙尼亚人能 100% 地识别峰值为 1 300 Hz 的声音，即元音 /õ/ 的发音。而芬兰语（下图）中则没有元音 /õ/ 的音。

然而，语言经验会颠覆以上原则。爱沙尼亚语和芬兰语有很多相似之处，例如这两种语言都存在元音 /e/、/ö/ 和 /o/，但芬兰语（见图 9-2 下图）没有元音 /õ/。如果我们根据声学差异将 /e/ 与 /ö/、/õ/ 与 /o/ 分别进行比较，应该会看到失匹配负波的增大。但我们发现，对爱沙尼亚人来说，结果正如我们所预料，而芬兰人的情况却出乎意料。芬兰人的大脑对元音 /õ/ 的反应并不比元音 /ö/ 大，反而更小。因此，**失匹配负波的产生不仅与元音的声学特征有关，还与大脑是否将不同元音归为一类有关。**事实上，比起外语的发音，我们的大脑更适应母语的发音[11]。再比如，汉语的声调是可以表达语义的，而英语中则没有这种现象。因此，与美国人相比，汉语母语者对声调能产生更强烈的失匹配负波[12]。

那么，语言是从哪一阶段开始影响听觉发育的呢？为了回答这个问题，里斯托・那塔恩带领课题组开展了一项研究，他们分别观察了来自芬兰和爱沙尼亚的两组婴儿对相同元音产生的失匹配负波。在 6 个月大时，两组婴儿的大脑处理 /õ/ 的方式是相同的，但当婴儿长到 1 岁时，原本爱沙尼亚人与芬兰人在成年时才会表现出的模式差别已经开始逐步显现出来[13]。在其他语言中，该课题组也发现了几乎相同的现象。例如，在 6 ～ 8 个月大时，分别来自美国和日本的婴儿都可以区分出字母 r 和 l 的发音，但长到 1 岁时，来自美国的婴儿区分这两个字母的能力比刚开始好得多，而来自日本的婴儿却比刚开始时差得多[14]。也就是说，语言特有的声音模式在生命早期便开始在听觉大脑中形成了[15]。

这就不难理解为什么学习第二语言宜早不宜迟。对年轻人来说，他们的大脑在学习新声音后，会更容易建立新类别来区分新声音。少年时期开始学外语的人的口音要比成年后再开始学习的人轻，因为他们在母语经验固化为难以打破的类别之前，就已经掌握了外语发音的微妙之处[16]。此外，如果我们在少年时期就开始学习外语，那么我们可以花更多的时间在声音与含义之间建立联系，从而相应地调节我们的听觉大脑。因此，**在学习第二语言时，**

开始学习的年龄和使用第二语言的时长都很关键。

双语大脑并不是两个单语大脑的加总

如果你是一位双语者，当你用自己掌握的其中一种语言与人交谈时，能否完全排除另一种语言的影响呢？有人认为这是可能的，但越来越多的证据表明，另一种语言从未被完全排除[17]。**在特定时刻，即使双语者只使用一种语言，但对他们来说，他们掌握的两种语言其实都是可用的。**

听觉实验室

举个例子，假如你在计算机屏幕上看到一个由约 50 张图片构成的矩阵，图上都是日常用品、动物等内容，当你听到一个描述图上内容的单词时，你能多快地选出正确的图片？例如，第一个单词的发音是“cah—”（读作 /kɒ/），可能还没等这个单词说完，你就已经开始扫视电脑屏幕了，并把选择范围缩小到单词 coffin（棺材）、coffee（咖啡）和 cobweb（蜘蛛网）之中。甚至，在整个单词还没说出来时，单词开头的发音 /kɒ/ 就已经支配了你的大脑，你的大脑会将以此发音为开头的一组单词所对应的物体图片筛选出来。但如果你是一位会讲英语和西班牙语的双语者，那么 /kɒ/ 的声音还会额外激活你头脑中的西班牙语词汇的记忆，这时，你无法立即排除诸如 caballo（马）、camión（卡车）、cachorro（小狗）或 caja（盒子）的对应图片，而对只说英语的人来说，这些图片并不会让他们分心。因此，虽然你仍然可以准确地选出图片，但因为其他干扰的存在，你在选择时会更加费力；另外，你做出判断的速度可能会因此减慢，因为你在第一时间需要锁定 7 个目标，而非 3 个。在一项类似的实验中，研究人员记录了被试的眼动轨迹，结果发现，双语者确实会在与第二语言有近似拼写或近似发音的目标物上停留更长时间[18]。

我们由此可以了解到跨语言干扰的生物学原理，就像前文提到的，大脑很擅长辨识预期序列中的突发变化。当大脑接收到语义不一致的信息时，它会产生一种被称为 N400 的反应信号，即在发音起始时刻后 400 毫秒出现的负向脑电波，这与失匹配负波所代表的不一致的声学特征是不同的。举例来说，当你听到“飞机降落在机场上”这句话时，大脑不会出现 N400 波形，因为这句话没有违背语义逻辑；但当你听到“飞机降落在葡萄柚上”这句话时，便会触发大脑产生 N400 波形，因为这句话违背了我们对语义的预期。

听觉实验室

在一项研究中，研究人员利用这种神经反应来观察跨语言干扰。他们对汉英双语者进行了测试，让被试判断某对英语单词的语义相关性，比如单词 wife（妻子）与 husband（丈夫）相关，而单词 train（火车）与 ham（火腿）不相关，每对单词都是精心筛选出来的。因为在某些情况下，汉字在文字和语音上是相似的，例如，刚提到的单词 train 与 ham，这两个单词在英语里并不相关，但在汉语中，“火车”和“火腿”这两个词都以“火（huo）”字为开头。所以汉语语言上的这种相似性会影响汉英双语者的 N400 波形，这意味着汉英双语者在说英语单词时，会本能地联想对应的汉语表达。如果一对单词在英语中不相关，但其对应的汉语字词是相关的，那么相比于在两种语言中都不相关的词语（例如英文单词 apple 和 table，对应的汉语表达是苹果和桌子），前者诱发的 N400 反应更弱[19]。由此可见，汉语知识并不会妨碍听觉大脑对英文单词的加工。

因此，**双语者单独使用一种语言时，并不能完全忽略另一种语言的影响。**不过，大脑对有其他可能含义的词汇反应较慢，并不意味着这是件坏事，除非你希望在反应时以快取胜。**事实上，另一种语言带来的其他可能性能为我们的思考、回忆和联想提供更丰富的原材料，并能帮助我们构建声音**

与含义间的联系。因此，双语者的大脑并不是两个单语者大脑的简单加总求和，他们所说的两种语言共同影响着他们的大脑，而且两种语言以一种有利亦有弊的方式相互作用着。由此可见，声音会对我们的感觉、思维和行动方式产生影响，而学习多种语言也有类似的作用。

双语者难以避免的劣势

双语者在自己掌握的每种语言上的词汇量，通常少于只说一种语言的人[20]，因为前者说任何一种语言的时间通常都比后者少。如此一来，双语者可能会因为每种语言的词汇量少而被人误以为存在语言障碍。此外，双语者在字词提取上也存在障碍。对双语者来说，快速而流利地说出自己想要的词更具挑战性[21]，这可能是由于被其他语言干扰所致[22]。

双语者似乎也比单语者更难理解背景噪声中的语音的含义[23]。在一个以其他语音为背景噪声的场景中，假如你是一位说西班牙语和英语的双语者，与一位只会英语母语的朋友在一家嘈杂的餐厅共进晚餐。此时，你正身处双重劣势中：你获取听觉信号时不如对方灵敏，你的英语知识储备也不如对方[24]。你的英语词汇量可能较少，虽然你的英语词汇量和西班牙语词汇量加起来的整体词汇量更大[25]。因此，当你和朋友谈论恐怖电影时，比如她说她看过《危情十日》（*Misery*），你却一脸狐疑：她为什么突然说“我不能用 Siri 了”？因为英语的 seen Misery（看过《危情十日》）与西班牙语的 sin mi Siri（不能用 Siri 了）听起来很像。大概就是这个意思。如果双语者接触某种语言的机会较少，那么在嘈杂的环境中，他因为不熟悉这种语言，所以无法找到能填补噪声中听觉空白的语言线索。这种语言词汇量的储备不足，再加上另一种竞争性语言的词汇被大量激活，导致双语者在噪声中区分语音方面存在障碍（见图 9-3）。

然而有趣的是，如果是与语言无关的任务，双语者在噪声环境下的听力则会更精准。例如，让会英语和西班牙语双语的孩子在噪声中进行非言语听力任务，比如检索被噪声掩盖的声调信息，结果他们的表现优于只会单语的同龄人（见图 9-3）[26]。这表明，**双语者在语言声音方面更富有经验，他们可以在噪声中进行听觉加工，但前提是噪声不涉及语言任务，因为跨语言干扰会破坏声音加工的过程。**

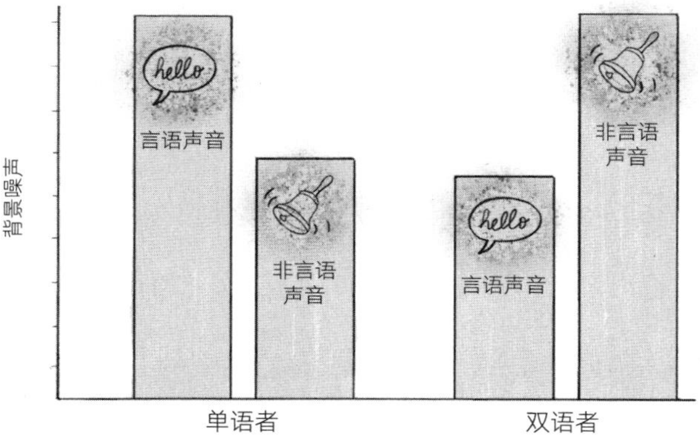

图 9-3 双语能力的利弊

在背景噪声中，双语者在聆听非言语声音时比单语者听得更清楚。不过，双语者在噪声中辨识言语的能力相较而言更差。

双语者拥有的天然优势

会说两种语言的人，比只会说一种语言的人有更多可以交流的对象。这是会说两种语言的一个明显益处，也是许多人学习外语的动力。我们有理由相信，会说两种语言还有其他好处。与音乐训练一样，学习第二语言也需要很多要素，包括锻炼注意力和记忆力，掌握声音加工方面的专业知识以及激活相关神经回路。另外，学习第二语言也有其他好处。

听觉大脑与掌握认知系统、感觉系统、运动系统和情感系统是联合运转的。我们先从认知系统开始，来了解掌握双语的好处。认知能力包括注意力、工作记忆、规划和组织能力、思维灵活性、自我管理能力以及忽略无关信息的能力，说其他语言可以提高我们的这些能力，并能帮助我们更好地思考。在关于双语者认知功能的研究报告中[27]，有许多相互矛盾的观点，而其中最受关注的是双语者的注意力。

听觉实验室

双语者擅长抑制冲动，这是能避免干扰和聚焦重要信息的关键所在，这种能力被称为抑制控制能力。度量这一能力最常用的评估方法，是维度变换卡片分类任务（dimensional change card sort task）。尽管名字有点拗口，但这个任务其实很简单：取一叠颜色不同、形状不同的卡片，任务一是按形状将其归类，比如将所有菱形的卡片堆成一堆，将所有方形的卡片堆成另一堆，不用管它们是哪种颜色；任务二是根据颜色分类，如找出所有的蓝色卡片、绿色卡片，不用管它们是哪种形状。在这项任务及其他一系列挑战抑制控制能力的任务中，双语者的表现都优于单语者，而且会双语的儿童完成任务的速度比同龄的单语儿童更快[28]。这种优势是有迹可循的，因为双语者在用一种语言讲话或写作时，必须抑制另一种语言的词汇和语法的干扰[29]。

双语者的听觉大脑相较单语者更擅长驾驭不同的声音模式。研究发现，在双语环境下长大的孩子[30]和成年人[31]在识别人造语言模式所需的能力方面，都得到了加强，这表明，一旦你学会了第二语言，那么学习其他语言将变得更加容易[32]。

听觉支架假说（auditory scaffolding hypothesis）[33]认为，声音上的，尤其是语言上的经验，是我们的认知得以建立的基础。听障儿童在注意力方面存在问题，甚至存在一些肉眼可见的注意力问题，这为上述假说提供了支持证据[34]。**随着年龄的增长，会说一种以上语言的人，其认知能力可能会增强，而且延缓认知衰退**[35]。

我们曾经在儿童和青少年群体中进行了一项针对双语者的研究，试图寻找听觉大脑中与双语有关的生物标记物。珍妮弗·克里兹曼主导了这项研究，并为此尽心竭力地工作了5年。她认为，作为一种丰富听觉大脑的手段，音乐课程对许多美国家庭来说成本高昂，对移民家庭来说更是如此。由于移民家庭的成员通常会说两种语言，因此克里兹曼想找出说第二语言的益处，以确认它能否帮助消除美国人对双语者的歧视。当人们无法负担更昂贵的方法时，双语学习或许可以为强化听觉大脑提供机会。克里兹曼想知道，双语者的大脑能否重点加工某些特定的声音要素。

有迹象表明，相较单语者而言，双语者的大脑对基频的感觉加工能力更强[36]，对声音的反应有高度的一致性[37]（见图9-4）。在语音中，基频（音高）是一种很重要的语言标记。平均来看，不同语言的音高具有不同的特征[38]，而双语者在说某一种语言时的平均音高几乎总是有别于说另一种语言[39]，这证明了音高这种声音要素对双语者的重要性。

此外，基频还可以帮助我们区分不同的听觉对象，比如听到的是某人的讲话声、交通工具的轰鸣声，还是其他人的声音。这种从听觉上进行辨识的行为比区分视觉对象更具挑战性。例如，用眼睛判断一辆车在哪里停下，另一辆车从哪里发动，这些都相当简单，除非是发生了可怕的车祸；而要用耳朵区分两辆车的声音，如果真有人能做到的话，那么他可能就要从引擎和排气系统的音高以及轮胎摩擦地面的独特音色上入手了。正如上文提到的，在噪声掩盖了音高的情况下，双语者更容易处理这种基于听觉进行区分的问题。而对于反应一致性，一个调谐良好的听觉大脑每次都会对给定的声音做出相同的反应；而如果在精确度上存在偏差，则意味着大脑缺乏反应一致性。在源自大脑皮层下（中脑）和听觉皮层的大脑活动中，双语者对重复出现的声音会表现出更一致的反应。这些发现表明，**对基频有更强的反应和听觉加工一致性的增加，都与注意力、抑制控制和语言能力的表现直接相关**。

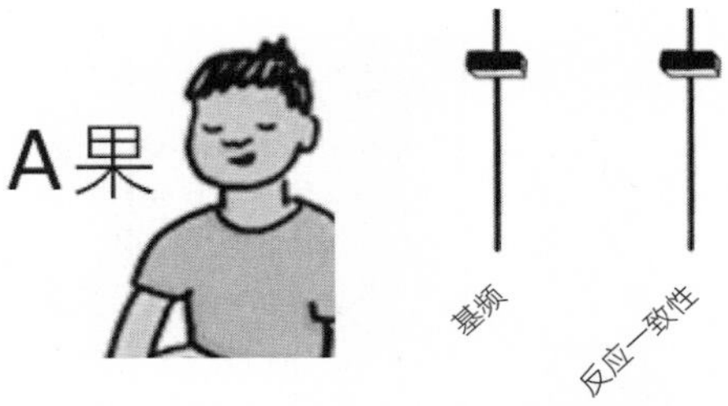

图 9-4 双语能力会加强大脑对声音加工的一致性和对基频（音高线索）的反应

那么，低收入人群掌握双语后，又会如何影响其听觉大脑呢？**在贫困环境中长大的孩子，其大脑被削弱加工声音要素的能力，主要体现在谐波、调频扫频和反应一致性等方面。**当我们深入研究芝加哥公立学校和洛杉矶公立学校学生的数据集，并关注他们的第二语言经历时，我们发现，受贫困影响的标志性大脑特征在双语学生中不再像之前那样明显。在单语学生中，相比于来自低收入家庭的学生，来自高收入家庭的学生对声音的神经反应更加一致，而这种差异在双语者中基本不存在，即低收入背景的双语者与高收入背景的单语者相比，在反应一致性方面相差无几（见图 9-5）[40]。

双语者的听觉大脑之所以具备诸多优势，可能是因为双语者在加工音素方面的经验更丰富。他们在加工更丰富的语言声音时，需要调用更多的大脑资源，从而提高其大脑的声音加工能力。此外，低收入背景的双语者在认知测试（注意力和抑制控制）方面也比高收入背景的单语者表现得更好，这与其他研究结果一致[41]。由此可见，**说第二语言可以弥补贫困对神经特征和认**

知特征造成的不良影响。这无异于一种“超能力”。这种优势是由对声音更加一致的神经反应所驱动的。

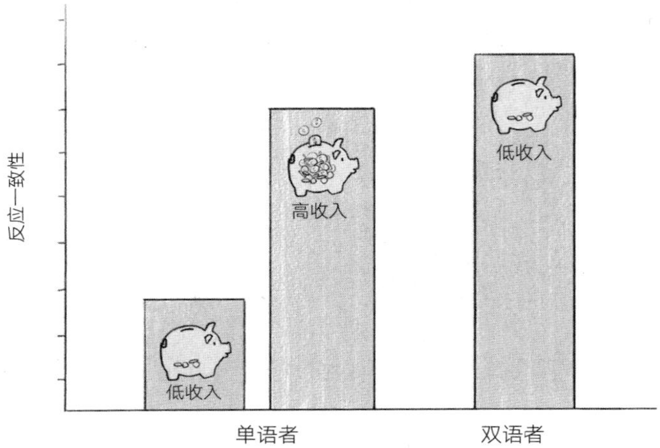

图 9-5 说两种语言对大脑反应一致性的保护作用

双语能力有助于促进听觉大脑的认知功能和感觉功能的发展，那么它对运动和情感有哪些好处呢？

当说话时，我们通常会移动。例如，我在演讲时，不会站在讲台上一动不动。在录制广播节目时，我发现自己很难与麦克风一直保持一致的距离。如果不能自由行动，讲话就会变得非常困难，也许是因为我会说意大利语这种说话时需要做手势的语言。说意大利语的人的手势的确很多，事实上，如果你去意大利旅行，甚至能买到意大利手势词典。

说不同语言时，人的手势会有所不同。例如，对美国人来说，有一种非常基本的手势，即伸出食指表示“一”，但在欧洲一些地区的酒吧里，当一个人伸出食指时，他可能会得到两杯啤酒。很多旅行指南会提醒游客，要注意那些看似无害的手势，因为有些手势可能会让你陷入麻烦。

说不同语言时，使用手势的频率存在基线差异。例如，说汉语的人比说英语的人使用的手势更少。但汉英双语者在说汉语时，他们使用手势的频率会增加，这说明说一种语言时使用手势的频率，会影响说另一种语言时使用的手势[42]。不同语言中，在哪个词上配合手势也是有差别的。例如，作为一个会说英语的人，我可能会在说“往外面走”时，用一个手势表示方位介词“往外面”；然而，一个说西班牙语的人在说这个短语时，更有可能加上一个表示动词“走”的手势。而当说西班牙语和英语的双语者用英语说“往外面走”时，他可能会保持以动词“走”为中心的手势[43]。一般来说，手势似乎比口语更具“黏性”[44]。

那么，双语者是如何表达和感受情绪的呢？不同语言描述情绪的方式是极为不同的。例如，如果声音和面部表情不匹配，日本人更倾向于通过声音来评估他人的情绪，而荷兰人则更重视面部表情[45]。一般来说，在不同语言中，同一情绪给人的感觉是不一样的[46]。人们普遍认为，使用外语时，人的情绪感觉不会太强烈。因此，双语者在需要做出理性决定时，可能会有意地切换到对他来说情绪负担较少的第二语言上[47]。

从生物学角度来看，说两种语言会影响我们的感觉和思维。它会以我们表达和感知情绪的方式为特征，影响我们讲话时的动作。在语言丰富性、认知和手势方面，说两种及以上的语言能为我们听到声音和发出声音提供更多的可能。双语者和单语者拥有迥异的听觉大脑，这与我所讲的“声音环境塑造了我们”的论点不谋而合。

总而言之，如图 9-6 所示，说两种语言能对大脑产生广泛且深远的有利影响，这可以弥补其带来的弊端。所以在我看来，能说两种语言的确算得上是拥有一种超能力。

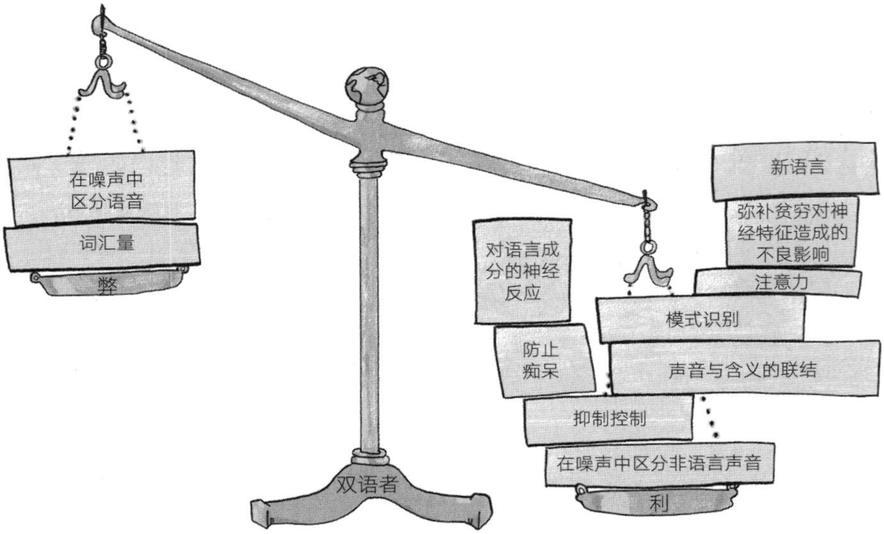

图 9-6 说两种语言的利大于弊

第 10 章 自然界中的莺歌燕语

卡尔·沙芬纳（Carl Safina）曾说过：

“也许鸟类一同鸣叫与人类一同演奏音乐是一样的；也许它们只是为了凝聚族群，建立群体认同感。如果说纯粹的声音表达比语言更古老，那么，也许艺术是超前于语言的；如果说艺术比语言更古老，那么也许这就是‘万紫千红满天下，艺术之花处处开’的原因。或许，鸟儿们都是艺术家，个个都如鹦鹉王国的艺术大师一般，能在鹦鹉界的即兴演奏会上一展歌喉。”

通过研究鸟鸣，我们了解到了很多关于人类自身的知识，也学到了关于地球上其他生物的一些知识[1]。你可能会问我：“相比于周围的其他声音，比如啄木鸟啄击树干的声音、蟋蟀的鸣叫声、猫的喵喵声、溪水的潺潺声或交通堵塞的嘈杂声等，为什么你更关注鸟鸣呢？”

鸟鸣之所以很值得关注，主要是出于以下几个原因：

- 在历史上，也许是在史前，人类聆听鸟鸣是有实际用途的。鸟鸣的频率正好在人类能听到的范围内，通过鸟鸣，我们的祖先可以知道他们所在的区域是丰饶肥沃的。众所周知，一个能够将鸟类种群数量维持在健康水平的环境，对人类来说可能也是个宜居之地，而聆听鸟鸣有助于人们塑造人文地理。

- 从生物学角度来看，鸣禽的发声器官与人类相似，而且它们产生和加工乐声的大脑结构与人类的大脑结构也大致相近，包括了大脑皮层到丘脑和中脑的反馈式传出通路。
- 鸣禽和我们人类一样，都有声音学习能力。这种罕见的模仿学习能力对语言和交流至关重要。
- 鸟鸣也会遵循一定的发育规律，具备各种声音要素，甚至拥有类似人类语言的语法。
- 鸟鸣和许多人类的歌声一样，全部或至少大部分都与性有关。
- 鸟鸣婉转动人，令人欢喜。

因此，基于上述原因，研究鸣禽及其叫声可以帮助我们理解听觉大脑。

不是所有鸟都会鸣叫

大多数鸟类都会发出某种声音。然而，并不是所有的鸟都是鸣禽，也不是所有的鸟都会鸣叫。比如，鸡、鸭子、啄木鸟、戴冠鸟、猫头鹰、鸽子、鹌鹑、鹤，都会发出叫声，但它们都不会鸣叫，因此它们都不是鸣禽。目前，世界上约有 4 000 种鸣禽，包括鹪鹩、知更鸟、红雀、麻雀、云雀、燕子、黄鹂、雀鸟等。

通常，雄性鸣禽会用鸣叫吸引配偶或宣示自己的领地。它们鸣叫的持续时间往往比一般的叫声长，因为对潜在的配偶来说，长歌比短歌更有吸引力。而更深层的原因在于，在某种程度上，只有当雄性鸣禽在生命早期成功克服营养匮乏等挑战后，才可能发育出健康强壮的体魄，继而才能唱出一首完整的长歌[2]。相比之下，普通叫声的持续时间几乎都比鸣叫更短，而且也不会那么复杂，听起来更像“啾啾”“嘎嘎”等。普通的叫声并不具有吸引异性的功能，而是被作为一种警告，或是为了与群体成员共享位置信息，抑或传达某种诉求，如雏鸟的叫声是在索取食物。除此之外，普通的叫声与鸣叫的区别还在于，鸣叫必须通过学习才能习得。

禽鸟鸣唱的机制

鸣禽的发声器官被称为鸣管，虽然与人类的发声器官——喉的叫法不同，但二者却有许多共同特点。在动物界，不同生物的飞行能力都是独立演化出来的，如蝙蝠、鸟类、昆虫[3]；同样，人类的喉与鸣禽的鸣管也是独立演化出来的[4]。鸣管的出现似乎更具创造性，它不是由鸣禽祖先已有的特征或结构进化而来的。与人类的喉位于气管高处不同，鸣禽的鸣管位于气管底部，即左右两侧支气管交汇处上方。不过，鸣管与喉也有相似之处，如具有皱褶，能使来自肺部的空气在流经鸣管时产生振动，从而产生声音。鸣管褶皱的张力决定了振动的频率，继而决定了音符的音高。

不过，鸟类比人类更胜一筹：由于其鸣管位于两侧支气管交汇处上方，因此双侧肺叶的空气都可以激活两组声带。通常，**鸟类和人类的两组声带是一起运动的，但鸟类的声带还可以分别、依次或同时被激活。**高音由位于鸣管一侧的声带产生，而低音则由另一侧的声带产生。因此，鸣禽可以进行高低音间的无缝切换。例如，红衣凤头鸟的发声可以从右侧振动开始，再切换到左侧中部，继而产生由高到低的变化频率。有些鸟类甚至可以利用双侧的肺部气流同时发出不同的音符，独自完成“二重唱”[5]。

这让我想起图瓦人绕梁三日而不绝的喉音唱法①，采用这种唱法，人也能同时发出不止一个音高的音，但这与鸟类的发声机制完全不同。图瓦的喉音演唱者会产生单一的基频声音，并通过对嘴、舌和声带的精细控制，选择性地强调一些谐波，同时抑制其他谐波。举例来说，一段语音有完整的谐波，我们可以用发声器官强调其中的几个频率，创造出频带，用来生成我们想要的元音。图瓦的喉音演唱者利用这一原理发明了 11 种和声唱法，他们能巧妙地控制整个可听频率范围内的谐波，且能在基音（基频）保持不变的情况下，对更大范围的谐波进行选择性的强调和弱化，从而发出高音。

一些鸟类的歌声可以非常嘹亮，如夜莺的音量可达 95 分贝，这个数值已经达到了在工作场所需要保护听力的容限了。

鸟鸣的另一个特点是能从一个音符迅速切换到另一个音符，在切换过程中会产生颤音。颤音的快速颤抖源于鸣管肌在 4 ～ 10 毫秒内快速产生的位移[6]。这种肌肉的伸缩速度几乎远超其他任何肌肉，而且在动物王国，只有少数动物能与之相提并论，例如响尾蛇的抖尾速度。此外，鸣禽还会进行“微呼吸”，使歌声能持续几分钟而不停顿[7]。通常，它们仅仅依靠肺活量和每秒 1 ～ 2.5 次的正常呼吸频率是无法维持这样的时长的。但鸣禽约 0.04 秒会进行一次微呼吸，并且每次呼吸与其发出的每个音符都是同步的[8]，这让歌声持续成为可能。

曾有人记录过，某只夜莺持续不断地鸣叫了 23 小时，这个时长远远超出了最难的歌剧咏叹调时长，例如瓦格纳的歌剧《诸神的黄昏》中 Brünnhilde 这个角色演唱的长片段《祭品现场》（*Immolation Scene*）也“只有”约 20 分钟。

---

① 喉音唱法即呼麦，亦称双声唱法、浩林潮尔等，是阿尔泰山周围地区许多民族的一种歌唱方式。——译者注

鸟鸣与人类语言的异同

除了发声机制相似，鸟类的鸣叫和人类的语音在声学上也有相似之处。鸟鸣和语音都是由一串有序的声音组成的，这些声音之间存在短暂的无声间隔。单个鸟鸣音与人类语音的最小单位音素大致相似。在此基础上，音符或音素串联在一起便会形成主题序列，例如云雀能产生的主题序列就多达 100 种[9]，夜莺则可产生 180 种[10]。主题序列进一步可以串联成乐曲或句子，而且主题序列的顺序还可以不断变化。因此，就像人类的语音一样，鸟类的鸣叫中也包含多个时间尺度的信息，从数十毫秒的音符到数百毫秒的主题序列，再到持续几秒甚至几分钟的符合特定语法规则的鸣叫。

像人类一样，鸟儿也有“方言”。即使在说同一种“语言”时，鸣禽也有方言或口音[11]，而且即便归属于同一物种，该物种在某一地区的叫声与另一地区相同物种的叫声也会不同。方言上的这些差异对雌鸟来说至关重要。相比于来自其他地区的“游客”的方言版歌声，雌鸟对说当地方言的雄鸟歌声更感兴趣[12]。

声音的基频、谐波的增强与抑制，以及鸟鸣中常见的极速变化，都可以通过声谱图来描述。声谱图不只是声音专家可以使用的工具，多年来，它和鸟类识别手册一直被鸟类爱好者结合着使用。与读乐谱类似，通过读声谱图，我们可以直观地看到音符的持续时间、频率和动向。因此，当一位观鸟者看到一只“小棕鸟”（little brown job）①后，在决定是否将其记录到观鸟笔记中时，他可以对比自己听到的鸣叫声和已有的声谱图，快速判断二者是否匹配。图 10-1 中的乐谱展示了一段由人类创作的简单旋律，在其下方是对应的声谱图。

---

① 该词是观鸟者常用的一个非正式名称，用来指代各种各样的小型棕色雀形目鸣禽，其中很多种类难以区分，尤其是雌鸟，它们不像雄鸟有可供辨认其种类的彩色羽毛。——译者注

图 10-1　乐谱及其对应的声谱图

与上方的音乐记谱法类似，下方声谱图的纵轴也表示音高，横轴表示时间。声音的力度变化（响亮、柔和）虽然没有在这段《小星星》（*Twinkling*）旋律所对应的乐谱图和声谱图中展示出来，但一般会用线条的明暗来表示声音的力度变化。

鸟鸣中可能包含一个或多个清晰的口哨声、嗡鸣声及颤音等基本元素，这些音符以极快的速度重复着（例如每秒重复超过 10 次），其速度之快导致难以计数。这些元素可以在升频扫描或降频扫频中组合，或构成音高序列，然后由多个序列组成一首曲子。有的曲子节奏快，听上去有些狂躁，另一些则节奏舒缓，听上去悠闲而轻松。

图 10-2 展示的是与莺鷦鹩唱的一段 2.5 秒长的乐曲相对应的声谱图。某些特定种类的鸟儿可能只会唱一首歌，比如斑胸草雀或白冠带鹀；而有些鸟儿，如褐弯嘴嘲鸫，则会唱上千首甚至更多的歌曲。在这方面，鸟鸣与人类的语音就没有可比性了。因为无论某种鸟类能唱多少首歌，它们都明显缺乏灵活性；而人类的语言在传达意思时，可以不断调整、重组和优化。尽管因为环境不同，鸟鸣存在多种形式，包含不同意图，比如吸引配偶、宣示领地、维护配偶关系等，**但在很大程度上，它们是设定好的，缺少人类语音所具有的丰富语义和较高的灵活性。**

出于以上这些原因，尽管鸟鸣在声学和解剖学上与人类语音有许多相似之处，且其本身也的确是一种交流方式，**但由于其缺乏人类语音的开放性和灵活性，因此通常不被视为是一种语言。**

图 10-2 莺鹪鹩鸣叫的声谱图

鸟鸣是音乐吗

如果鸟鸣不是语言，那它是音乐吗？毕竟，鸟鸣也含有“歌唱”的意味。此外，人类的音乐有什么特征性的定义呢？以及哪些特征在鸟鸣中也存在呢？其实，在定义音乐的特征元素方面，并没有统一的标准。我们可以轻松地找到一些音乐网站，上面会列出构成音乐的多种元素，可能是 6 种、9 种或 12 种，等等。尽管不同的网站列出的数字和术语有所不同，但基本上都可以被归纳为我们熟悉的声音要素：旋律、节奏和谐波（在音乐中也称和声），此外还包括力度变化（声强）以及音乐编排。音乐编排通常会用一些音符或乐句的组合来表示音乐的某种特征，例如曲式结构、音乐神韵及音乐形式等。那么，我们能用这些元素来描述鸟鸣吗？

音高

在一段鸟鸣中，音高的变化通常是精确且可重复的，且似乎能以协和的音程出现，如完美的四度跳跃或八度跳跃。例如，隐夜鸫的鸣叫声属于不唱出声的隐含基调上的一系列和声[13]。在不同种类的鸟鸣中，音高还会呈现出其他音乐形式，如白喉带鹀和红玉冠戴菊鸟能创造出协和音程[14]，而隐夜鸫和墨西哥鹪鹩的鸣唱，据说分别符合五声音阶和半音阶的调式①[15]，不过，并没有足够多实际的声学分析来支持这些说法[16]。相反，大量北夜莺鹪鹩鸣叫的声音样本分析结果表明，鸟类唱出的音符，无论是被归为人类定义的全音阶、五音阶，还是半音阶，不过都是巧合而已[17]。但尽管如此，由鸟鸣改编的乐曲仍然是很有趣且发人深省的（见图 10-3）。例如，在维瓦尔第、海顿、拉尔夫·沃恩·威廉斯（Ralph Vaughan Williams）、巴托克、贝多芬、莫扎特、吉罗拉莫·弗雷斯科巴尔第、舒伯特和梅西安等作曲家的作品中，都包含受鸟鸣的启发而创作的旋律[18]。而意大利作曲家奥托里诺·雷斯庇基（Ottorino Respighi）甚至将一段真实的夜莺鸣叫融入他创作的交响曲《罗马的松树》（*Pini di Roma*）的第三乐章中。

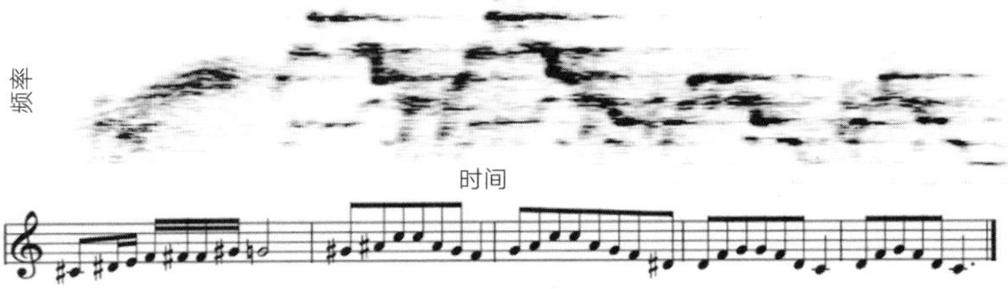

图 10-3 托尼·菲利普斯（Tony Phillips）所作的一段描绘一只画眉鸟的歌声的乐曲

音色、时值和响度

从鸟鸣中可以听到多种音色，虽然这可能并不是严格地由鸟儿自身控制的。研究人员 L. F. 巴普蒂斯塔（L. F. Baptista）和 R. A. 基斯特（R. A. Keister）观察到，许多鸟鸣的音色与一些乐器有相似之处，比如澳大利亚的斑肋火尾

① 自然音阶是由我们熟悉的半音阶和全音阶混合而成的七阶：do—re—mi—fa—sol—la—ti [—do]；五声音阶有五阶：do—re—mi—sol—la [—do]；而十二阶半音音阶填补了自然音阶中全音之间的空白。

雀的鸣叫声类似于双簧管的音色，林鸱的叫声类似于巴松管的音色，红梅花雀的叫声类似于长笛的音色[19]。他们还发现一些鸣禽种类的叫声具有渐快或渐缓的时值变化，以及渐强或渐弱的声强或力度变化。此外，鸟鸣与人类音乐也有一些相似的节奏模式。

音乐编排

能歌善唱的鸟儿们能将花式结尾、抑扬顿挫的韵律、桥接片段以及类似于钢琴滑音的下行音阶连接在一起，组成乐章，有时还能组成主题曲和变奏曲[20]。成对或多只鸟儿一起鸣叫时，有时会唱出一种你来我往的卡农（复调）曲式，例如索科罗嘲鸫和长嘴沼泽鹪鹩。

听觉实验室

在我的记忆中，我们实验室的亚当·蒂尔尼（Adam Tierney）虽然从未对“鸟鸣是不是音乐”发表过意见，但他仍然用鸟鸣验证了关于人类歌声的一种假说，即人类歌声有 3 种明显的特征：（1）音符之间的音高间隔较近；（2）旋律的轮廓是不断往下走的或先升后降，而不是不断往上走或先降后升的；（3）在乐句结尾有延长音符的倾向。亚当认为，这些特征是由于发声器官的拉力受限制而形成的，而不是先天的或出于某种文化偏好而形成的。他通过记录鸟鸣中以上特征的发生率来验证这一假说，因为鸟类的发声器官与人类有相似的解剖结构，因此认为二者也受到相似的限制。在对大量鸟鸣声进行录音并分析后，亚当发现，鸟鸣声也具有上述 3 种特征，这表明鸟鸣的生理基础与人类歌声一样[21]。

然而对于“鸟鸣是不是音乐”这个问题，在很大程度上，答案取决于个人的主观判断。作曲家兼动物音乐学研究员埃米莉·杜利特尔（Emily

Doolittle）[22] 曾列出一些鸟鸣与人类音乐不同之处的清单，包括鸟鸣“没有整体结构”、“不同主题之间没有和谐的关系”以及“发声与无声之间任意交替”。后来，当她把这张清单拿给同为作曲家的路易斯·安德里森（Louis Andriessen）看时，安德里森说道：“这听上去好像是俄罗斯作曲家斯特拉文斯基的作品啊！”

鸟类的声乐学习

声乐学习不同于听觉学习。比如，你的狗是个听觉学习者，它能很好地理解“坐”和“走”的意思，但它永远学不会说话。不过，狗和许多其他动物可以通过听觉学习，学会发出相应的声音。

例如，动物必须知道，某种特定的叫声只能用于表示警报，如果滥用这种叫声，会使群体成员感到不安。但这些动物并不是通过特意模仿其他动物的叫声，来学会发出警报声的，比如犬吠、怒吼、哀鸣等，狗本能地就知道如何发出这些声音。相比之下，鸣禽虽然天生拥有发声能力，但如果它们不模仿另一种鸟的鸣叫行为，并通过练习将这些声音变成歌曲，那么它们就无法学会鸣叫。**这个模仿和练习的过程就是声乐学习的过程。**

声乐学习依赖于听力、记忆力和模仿能力，需要控制好肌肉运动，为发声器官提供动力，而许多非声乐学习者都缺乏这些能力。人类的学习大多是在模仿的基础上做到的，而学习说一种语言则需要完全依靠模仿。与人类以及少数的其他动物一样，作为声音学习者，鸣禽学习鸣叫的过程包括以下 4 种特征：模仿、听觉 - 运动反馈、存在关键期和大脑偏侧性。接下来，我们具体来了解一下。

模仿

任何鸣禽都有自己的标志性叫声，有些甚至不止一种。例如，知更鸟的叫声听上去是愉悦而欢快的，金翅雀的叫声是清脆的，而山齿鹑的叫声则是其独有的声音[23]。以往人们对鸟鸣的研究主要集中在雄鸟身上，而现在的研究方向逐渐开始改变了。

当年轻的雄鸟第一次发出鸣叫时，它们会认识到自己与“老师“（模仿对象）的标准叫声之间的差异，并据此做出必要的调整，直到与之相匹配。在这个过程中，“老师”可能会通过在不同声音序列之间引入其他重复序列或增加停顿，来调整唱出的曲子，就像父母会调整自己对婴儿的说话方式一样[24]。如果把一只雏鸟与其父亲和其他可作为鸣叫老师的雄鸟隔离开来，那么它就学不到其所属物种的特有叫声了[25]。例如，从小被隔离饲养的苍头燕雀会发出不正常的鸣叫声，即便其中某些声音序列听起来符合其物种特征[26]。

其实鸣禽有一种学习同类鸣叫的天性，但由于它们需要一位老师做现场教学，因此它们的这种天性就没那么显眼了。与听到其他鸟类的叫声相比，当雏鸟听到同类的叫声时，它们的心率会加快[27]，听觉系统也会活跃起来[28]，而且它们会选择性地做出回应[29]。事实上，我们在实验中观察到，当使用同类叫声的录音作为奖励时，能使训练鸣禽执行某项任务变得更容易；而使用另一种鸟类的叫声作为奖励时，则没有任何效果[30]。然而，雏鸟无法很好地跟随磁带录音来学习同类的叫声。而且相比于模仿同类的叫声录音，它们更擅长模仿其他种类的鸟在现场发出的叫声[31]。因此，这一点和人类婴儿很像，他们在很小的时候就对父母所说的语言的声音产生了偏好[32]，**但无法通过电视上或录音来学习语言[33]，因为语言学习有赖于频繁的社交互动。**

人类可以轻松地识别出由音高（基频）转化而成的旋律，因此，我们可以一起合唱。狼也有这种能力，这也是为什么当其他狼加入狼群时，它们可以调整整个狼群嚎叫的音高[34]。然而，鸟类却无法区分出旋律之间的转换[35]。鸟类无法通过声音的音高来识别某些旋律，而是依靠谐波，也就是声谱图形状来进行识别，就像我们利用谐波频段的能量来识别某个单词一样[36]，如图1-6所示。与人类、狼以及老鼠不同[37]，鸟儿通常不会与其他鸟合唱，而是与其他鸟对唱。

鸟儿在学习鸟鸣时采用何种模仿方式，取决于其听觉系统所具有的重要特性。那么，鸟类听觉系统在鸣叫中扮演着什么样的角色呢？

听觉－运动反馈

对鸣禽来说，聆听“老师”的歌声并学会发声，离不开“鸣叫系统”的参与。该系统包含的神经通路有听觉脑区、运动脑区以及控制鸣管肌肉的神经。

值得注意的是，包括一些非鸣禽鸟类在内的非声乐学习者，它们的听觉系统内部以及听觉系统与鸣管之间，缺少大脑皮层和皮层下的某些连接。因此，损毁鸣禽的鸣叫系统，比如完整的“听觉感知”区域，就会损伤其学习鸣叫的能力，这与损伤人类听觉皮层特定区域会影响其语言流利度是一个道理[38]，如由脑卒中引发的脑损伤。

和人类一样，鸣禽听觉皮层中的神经元最初对任何声音都有反应，但随着经验的积累，它们将调谐到“老师”的鸣叫上[39]。它们的听觉系统和运动系统的交汇处有一个“比较回路”，可以持续地修正其在学习过程中的鸣叫声，直到它们发出的叫声与听到的“老师”的叫声之间不再有差异时[40]，它们就学会鸣叫了。如果一只鸟儿在进入声乐学习阶段之前失聪了，那么它将无法区分这种差异，它发出的叫声就会很不正常[41]。

虽然大多数鸟儿都会坚持自己的鸣叫方式，但嘲鸫（一种仿声鸟）是个特例，它们擅长模仿其他鸟儿的叫声；此外，琴鸟也非常擅长模仿。大卫·爱登堡（David Attenborough）曾让一只琴鸟模仿汽笛声和电锯声，甚至相机快门声，而且是一部配有胶卷自动推进装置的相机。在新型冠状病毒感染而导致的封城期间，人为噪声大幅降低，鸟儿们可以听到更丰富的鸣叫，也因此产生了在技巧和运动方面颇具挑战性的高难度鸣叫方式[42]。

存在关键期

在发育的关键期，鸣禽会发展出鸣叫能力。首先，雏鸟聆听并记住“老师”的鸣叫[43]；然后，它们会把自己的叫声调整到和“老师”的叫声相匹配。与人类婴儿一样，雏鸟也会经历一段咿呀学语的时期，也就是所谓的初鸣时期。利用听觉反馈，雏鸟会逐渐将初鸣变成“可塑曲”，这不仅需要练习，还需要有筛选能力。雏鸟会从不同的“老师”那里学习歌曲，有时，它们甚至可能需要练习成千上万遍，最终才能像成鸟一样形成自成一格的鸣叫（见图 10-4）[44]。一旦鸟儿的歌声自成一格，无论其随后接触到多少数量或种类的鸣叫，它们都会在整个成年期保持自己独有的鸣叫方式①。鸟类的听力和记忆发音的关键期通常出现在生命最初的几个月，而其声乐学习过程中的发声、精炼和成熟阶段则始于其性成熟阶段。如果将它们与“老师”隔离开，或让它们失聪，抑或以其他方式阻断其在学习关键阶段的自然发音过程，这将会导致它们发出与“老师”叫声不同的鸣叫声。这种不同可能表现为它们的鸣叫种类极其有限，或鸣叫得杂乱无章[45]。不过，在远离“老师”的孤立环境中长大的鸟儿仍然会鸣叫，这表明，鸟鸣中的某些元素是先天就有的，而另一些则是后天习得的。

① 当然也有例外，比如金丝雀成年后会一遍一遍地重复学习过程，每年春天都会发出新的鸣叫。

大脑偏侧性

大脑的某些功能呈现出偏侧化，就像同一工作需要持不同看法的人共同参与一样[46]。例如，如果你左脑半球的视觉专注于觅食，那么你右脑半球的视觉就可以用来监测捕食者的身影。人类的左右脑半球在语言的发育中起着截然不同的作用，而鸣禽在听鸟鸣时，其双侧大脑半球的反应也存在差异，例如斑胸草雀的右侧前脑对同类鸣叫的反应比左侧前脑灵敏[47]。此外，鸣禽的双侧大脑半球加工声音的方式也各具特色。

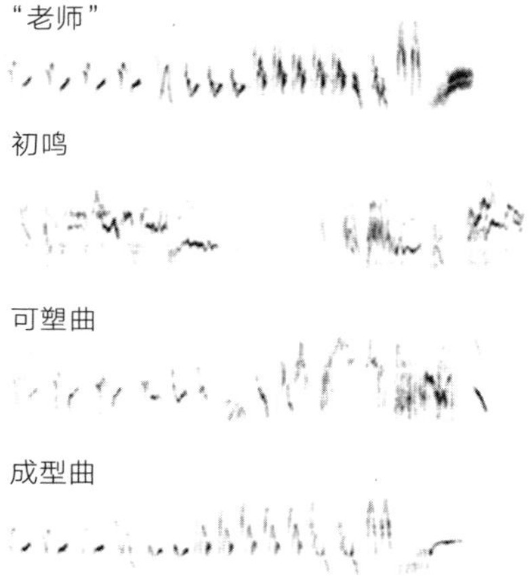

图 10-4　一只年轻的苍头燕雀最终唱出了一首与“老师”一样的歌

资料来源：马克·纳吉布（Marc Naguib）和凯塔琳娜·里布贝（Katharina Riebel）的《在时空中歌唱：鸟类鸣叫生物学》（*Singing in Space and Time: The Biology of Birdsong*），选自冈瑟·维茨尼（Guentter Witzany）主编的《动物的生物交流》（*Biocommunication of Animals*）一书，233 ～ 247 页，施普林格科学与商业媒体出版，2014。

鸟类的性别与歌声

在大多数情况下，鸟类中的雄鸟是鸣叫歌手，而雌鸟则根据自己喜欢的歌曲来选择配偶。那么，雌鸟要想成为有鉴别力的倾听者，其听觉大脑需要与雄鸟有哪些不同吗？通常，雄鸟的鸣叫会受到雌鸟的视觉信号的影响。雄鸟会不断地变换鸣叫“曲目”，直到发现雌鸟喜欢某段特定的旋律；而雌鸟会用明显的动作来表达自己的喜好，比如鸟翅膀划水，即在身体两侧快速划动翅膀。雄鸟会将这个动作看作是一种对自己鸣叫的认可信号，然后重复鸣叫引发该动作的“歌曲”，直至最终与雌鸟成功交配[48]。那么，雌鸟所偏好的有性吸引力的声音要素是如何塑造了后代的偏好，并最终影响整个物种的发展的呢？另外，雄鸟和雌鸟在声音加工方面的差异，与人类男女两性在声音加工方面的差异又有何不同呢[49]？

鸟类在鸣叫时，其大脑中的活跃区域与情境有关。例如，当雄性斑胸草雀在没有听众的情况下鸣叫时，其参与鸣叫学习和自我调控的脑区就会活跃起来；而当有雌性斑胸草雀倾听时，雄性斑胸草雀的这些特定脑区则是处于静息状态的。另外，鸟类与人类一样，似乎能把练习和表演区分开来。就像人类在即兴创作或观看演奏时会使用不同的脑区一样[50]，鸟类会根据不同的情境发出不同的鸣叫。

在很大程度上，鸟类体内的激素控制了其鸣叫歌声随日期和季节发生的变化。例如，被阉割的雄性鸣禽会失去歌喉，而雄激素则能诱导雌性鸣禽鸣叫[51]。

有些种类的雌性鸣禽会与雄性进行二重唱[52]，此外，也有一些种类的鸣禽，其雌鸟的鸣叫胜过雄鸟[53]，比如纹头珀卡雀鹀。在一项针对数千只鸟儿的调查中，研究人员发现，其中有 64% 的雌性鸣禽也同样会鸣叫[54]，尽管并没有发现在哪种鸟中只有雌鸟会鸣叫，但这些会鸣叫的雌鸟和雄鸟类似，往往也拥有鲜艳的羽毛。通常，雌鸟会寻找歌声婉转悦耳且毛色艳丽的配偶。鲜艳的羽毛和悦耳的歌喉之间的关联表明，这些特征可能是共同进化的。正如美国作家卡尔·沙芬纳所言：“仅仅是美本身，就是一种强大的、基本的进化力量。”[55]

OF SOUND MIND

第三部分

声音如何影响大脑健康

第 11 章

噪声正在伤害你的大脑

我意大利的家位于的里雅斯特，临近多洛米蒂山，我经常去那里徒步。不久前的某年春天，我和我的表兄弟卢西奥一起缓步登山，后来，我们坐在山顶上，一边眺望峰峦，一边静静倾听。接着，我慢慢地仰卧在草地上，片刻之后，我和卢西奥开始说起话来。而就在我打破沉寂的那一刻，我发现我的声音听上去十分刺耳。之所以如此，原因在于，长时间没有噪声的干扰，我们的听力需要重新校准了。

听觉大脑通常会将空气运动转导为听觉信息，成功地将声音赋予了含义。不过，那些阻碍我们从想听到的声音中提取含义的其他声音去哪里了呢？

事实上，**干扰听觉系统调谐的一大阻碍就是噪声，即那些通常意义上从外部传来的多余的声音**。但接下来，我也想谈一谈头脑内部的噪声，谈一谈那些妨碍听觉大脑高效运转的因素，以及减轻噪声的方法。

什么是噪声

在英语中，noise（噪声）这个单词来源于一个古法语单词，意思是“争吵”或“争论”，它和拉丁语中 nausea 的词根相同。nausea 的本意是“晕船”，从字面上理解，即对消极事物的一种本能反应。噪声是一种多余的声音，它消极且可能具有破坏性。

自古以来，声音就被认为是一种具有破坏性的力量。据说，《圣经》中提到的耶利哥坚固的城墙就是被巨大的声音震倒的。此外，希腊神话中海妖塞壬的歌声虽然动听，却能引诱海员为之赴死。现在，声音也会被当作一种有用的力量，被应用在多种场景中，比如用定向超声波控制人群，以及在公共场所或私人空间播放响亮的高音噪声，可以驱散动物或游手好闲的青少年。虽然普通的成年人是听不到这些高频声音的，但是，这些高频声音会损害人的听力吗？实际上，人类已经进化出了对意料之外的声音做出反应的能力。例如，我们的祖先之所以不会被吃掉，是因为他们借由声音意识到了捕食者的存在。在生活中，很多意料之外的声音也在不断地起着警示提醒的作用，不过它们很少是生死攸关的信号，如电话铃声、开门声、厕所冲水声、犬吠、警报器鸣响声、窗外的呼哨等。这些声音也可能是噪声，因为它们没有特别的用途，不过，它们并不是我想在此谈论的噪声。

当然，我也不会谈论响亮的噪声，虽然它们会对人耳朵中的约 3 万个特异性毛细胞造成很大的损伤。有充分的证据表明，当暴露在高分贝的声音中时，毛细胞会遭受损伤。美国国家职业安全卫生研究所（NIOSH）曾发布了在特定环境中人们能承受的最大噪声音量标准（见图 11-1）。如果环境中的噪声水平为100分贝[①]，那么，人在该环境中的安全暴露时长仅为15分钟，

① 典型的 100 分贝的声音有电钻声、摩托车噪声、地铁噪声、电吹风噪声等；此外，装有压实机的垃圾车发出的噪声、在约 300 米高空飞行的喷气式飞机产生的噪声，以及演奏某些乐器、听音乐会或用音频播放器听吵闹的音乐，也会让你暴露在高达 100 分贝的声音强度下。

一旦超过这一时长，人最终丧失听力的可能性就会增加。在美国，尽管政府出台了指导方针，但噪声引起的听力损失仍然是最常见的职业危害[1]。

NIOSH 许可的噪声曝露时长	
声音强度（分贝）	持续时长
82	16 小时
85	8 小时
88	4 小时
91	2 小时
94	1 小时
97	30 分钟
100	15 分钟
103	7.5 分钟
106	3.75 分钟
109	< 2 分钟
112	约 1 分钟
115	30 秒

图 11-1　按强度划分的噪声暴露时长指南

在本书中，我们将着重关注中等强度的噪声，即通常被认为是“安全”的噪声。不过，所谓“安全”，只是因为人们并不知道它们会损伤人的听力。简而言之，本书要讨论的是会损伤听力的声音和会损伤大脑的声音之间的区别。

损伤听力的“危险”噪声

“听力损失”是什么意思？其实，这个词连同听力障碍和耳聋，通常可以用数字化的听阈来判断，如研究人员会在测试中通过问“听到‘哔’声时请举手”等问题来评估被试的听力阈值。听力专家针对人可以听到的语音的主要音高范围，设定了一个阈值，用来测试个体区分音高的能力，或测试个体能辨识的最低声音响度。通常来说，当一个人辨识出的声音响度低于 20 分贝时，会被认为是正常的，但如果其辨识出声音的阈值越来越高，则被认为患有中度、重度以及极度听力损失。听力损失可能是跨频率“均匀”分布的（在各频率上的阈值相同）、跨频率“渐变”的（高音的阈值比低音更低），也可能呈现出罕见的频率分布。这种方法是针对耳朵能否正常运作而进行的听力损失评估。

噪声引起听阈升高，会影响我们的生活和工作。有一天，我儿子把车开到 4S 店去维修，因为他之前在开车时听到一种轻微的但令人不安的噪声，他猜测噪声来自汽车的变速器。汽修工试驾了车以后，声称他没有听到任何噪声，于是就把我儿子打发走了，并向他保证没有问题。结果一周后，那辆车的变速器果然出现了故障。这么看来，那位汽修工由于长期在吵闹的车库里工作，可能导致他的听力受损了。

听力保护不但对许多产业工人、工厂工人和建筑工人来说非常重要，对音乐家来说也很重要，但这一点却常常被忽视。交响乐团的乐声响度常常接近 100 分贝，在强响度的乐章里，铜管和打击乐器发出的乐声响度可以远超 100 分贝。拉小提琴的声音虽然并不是特别大，但小提琴手在演奏时，其左耳离 F 孔只有十几厘米远，因此，小提琴手左耳的听阈通常比右耳的听阈差。

大多数旧有的听力保护方法对高频声音的抑制能力较差，而新设计出来的方法则可以均匀地降低整个频谱的声强，具体可参考《聆听音乐：音乐家听力损失的预防》（*Hear the Music: Hearing Loss Prevention for Musicians*）一书[2]。

损伤大脑的“安全”噪声

在这个喧嚣的世界里，对于日常会听到的声音，我们要多加留意，即便它们未超出所谓的“危险”阈值。这些声音并没有特别之处，很少引人注意；它们一直都存在，随着时间的推移，其声学特性会保持一致，因此，它们传达不了太多的信息。大多数人认为这些声音只是背景噪声，因此往往会忽视它们，或不加理会。但是，我们真的能对它们听而不闻吗？还是说我们只是生活在一种持续的警觉状态中而不自知呢？

很多人都有过这样的经历：直到某种声音消失了才意识到它存在过。例如，当室内的空调停止运行或当卡车熄火了，我们可能才会突然“听到”寂静。我们会松一口气，暂时陶醉在这种寂静中，直到空调声或卡车声再次响起或其他声音取而代之。如果耳朵没有受损，我们基本上可以将这些声音屏蔽掉。那么，这些声音值得担心吗？科学研究表明，为了大脑健康，我们确实应该留意这些声音。

听阈正常的人在接触中等程度的噪声后，可能会在噪声辨音方面出现困难。此外，**人们也没有充分地认识到，嘈杂的环境会带来许多负面影响，而这些负面影响可能与听力没有多大关系。**事实上，长期暴露在噪声中会对人的身体产生许多影响，例如，住在机场附近会导致整体的生活质量下降、压力激素皮质醇分泌的增加会令压力水平也增加、记忆力与学习能力出现问题，以及在完成具有挑战性的任务时存在困难，甚至还会导致血管硬化和其他心血管疾病的出现[3]。据世界卫生组织估计，噪声暴露及其次生后果（如高血压和认知能力下降）可能会导致健康状况欠佳、身体残疾或早逝等后果，从而导致数额惊人的经济损失[4]。

噪声也会影响人的学习和注意力。对就读纽约公立学校的学生的研究发现，根据他们在教室的位置是靠近学校前方繁忙的高架铁路，还是远离火车噪声的学校后方，他们的阅读表现存在很大的不同[5]：靠近高架铁路、处于吵闹环境那侧教室的学生，其阅读方面的表现比同龄人落后 3 ～ 11 个月的学习进度。后来，纽约交通管理局在该校附近的铁轨上安装了橡胶衬垫，而纽约教育委员会则在最靠近吵闹环境的教室里安装了降噪材料，这两项举措共同降低了约 6 ～ 8 分贝的噪声强度。很快，学生之间的阅读水平差异就消失了[6]。

听觉实验室

噪声的影响并不局限于听觉或语言任务，例如阅读。在一项实验中，研究人员要求被试使用鼠标追踪计算机屏幕上的视觉目标——某个正在移动的球，与此同时，屏幕中的其他球也会来回移动。实验结果显示，长期暴露在噪声中的被试在完成任务时更加困难，尤其是当任务本身伴随随机噪声时。此外，这些被试移动鼠标的速度也比较慢，而且他们无法近距离追踪目标球。

在《我们为什么要睡觉》（*Why We Sleep*）[7]一书中，加州大学伯克利分校的睡眠专家马修·沃克（Matthew Walker）表示，缺乏充足的睡眠是“我们在 21 世纪面临的最大的公共健康挑战”。如今，人们逐渐认识到了睡眠对健康的重要性：睡眠对我们的心血管系统、免疫系统以及思维能力至关重要。而噪声是让我们睡不好觉的罪魁祸首之一。即便是音量很低的噪声，其对人的睡眠时长和睡眠质量也有负面影响，如噪声会导致我们醒得更久，醒得更早。此外，人在睡眠过程中的环境噪声也会影响人的睡眠质量，导致人的肢体动作增加、醒来的次数增多及心跳加快。具体而言，交通噪声会缩短人快速眼动睡眠和慢波睡眠的时间，并降低一个人对夜间睡眠的舒适感[8]。

在生活中，“安全”噪声会伤害听觉大脑，并且对儿童的影响可能更严重。孩子通常非常擅长语言学习，从他们说出第一个字到能说出完整的句子，这之间的间隔时间是很短的，甚至让家长都为之惊讶不已。此外，对于声音与含义之间的联结，他们也能很快地建立起来。当孩子们一接触到语言时，就会不自觉地学习这些语言（即使它们不止一种）。但如果他们在关键的年龄阶段听到的声音没有任何含义，又会发生什么？

这个问题在人类身上很难找到答案，因为在现实世界中，不可能对噪声水平施加完全的控制。不过，我们可以利用动物实验来回答类似的问题。通过控制声音暴露的持续时长、强度和质量，我们可以直接观察到大脑中的神经电信号会受到怎样的影响。当我们置身于“安全”噪声中时，听觉大脑发生了哪些变化呢？这些变化是暂时的还是永久的呢？

一般来说，成年后，啮齿类动物的听觉皮层是按区域排列的。然而，在它们的生命早期，其大脑皮层中还没有分化出区分低音调声音和高音调声音的区域。如果正在发育中的啮齿类动物一直被饲养在有 70 分贝的噪声的环境中，那么当它们发育成熟时，其听觉皮层仍然不会分化出音调定位拓扑图，也不会形成从低到高的音调梯度（见图 11-2）[9]。而 70 分贝一般被认为是“安全”的噪声水平。

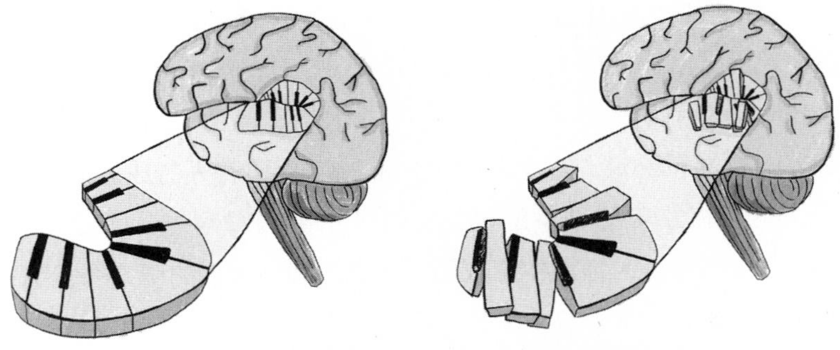

图 11-2 “安全”噪声也会扰乱大脑的感觉定位拓扑图

这引起了人们对婴儿的担忧，因为婴儿可能会在我们认为是嘈杂但又非“有害的”环境中成长，比如有的新生儿如早产儿，会在新生儿重症监护室里度过一段时间[10]，会听到医疗监测系统、通风系统和呼叫机的声音。而在正常情况下，他们应该待在母亲子宫里，听到的是有节奏的心跳、消化系统的声音和那些经过母亲身体过滤后的令人愉悦的声音。在这种情况下，早产儿的听觉皮层会发生哪些变化呢？事实是，早产儿可能会面临很多发育问题，包括语言障碍和认知能力缺陷，而在生命早期暴露在噪声环境中可能会加剧这些问题[11]。

对此，科学家已采取了措施，以减轻新生儿重症监护室的环境噪声[12]。在一项研究中，研究人员将母亲的心跳声和说话声输入到保育箱中。他们经过对比后发现，那些接触到这些“有益”声音的婴儿的听觉皮层比只听到“有害”声音的婴儿发育得更充分[13]。此外，在新生儿重症监护室演奏音乐，能帮助婴儿稳定心跳、减轻压力以及促进睡眠[14]。

皮层定位拓扑图的紊乱并非永久性的。例如，在因噪声导致神经定位拓扑图紊乱的啮齿类动物中，一旦噪声被移除，其大脑皮层的神经定位拓扑图会重新恢复正常[15]。同样，在受到噪声的损伤后，如果使其暴露在被强化了的听觉环境中[16]，比如刚才提到的给待在新生儿重症监护室里的婴儿听有益的声音，可以使其大脑皮层定位拓扑图的紊乱程度最小化。这说明，听觉大脑会不断地进行自我重塑。

那么，听觉系统对“安全”噪声的敏感度会随着人的成长而降低吗？有研究发现，将成年动物暴露在“安全”水平的噪声中，即让它们在有60～70分贝的噪声的环境中待数周，结果发现，它们的听阈并没有改变，但它们的听觉皮层对声音的反应方式却发生了变化，这反映出定位拓扑图加工音高的机制变得紊乱了[17]。另外，噪声频率占据了大脑中本该属于其他频率的区域，因此，**“安全”噪声对大脑造成的损害不仅局限于发育过程中的关键期，还会延续到成年阶段。**

因此，我们应该重新审视那些会制造噪声的设备的过度使用问题。那些每天要运行 8 小时或更长时间的家居设备，使我们（包括婴儿）身处噪声之中，可能会使我们的听觉大脑变得迟钝，并将对我们从声音中有效地获取含义的能力产生长期的负面影响。

大脑内部的噪声

我们在关注大脑外部噪声的同时，也要兼顾大脑内部的噪声。如果大脑是一潭死水，那么声音不会让它泛起涟漪，因此事实上，大脑从来都不是寂静无声的。大脑中始终存在着基本的背景性电活动，即静息状态的神经放电活动，而听觉大脑需要在此基础上进行调谐。神经必须先克服这种背景性电活动，才能表达出对声音的反应，因此，大脑静息状态的电活动不能过多。

在一项研究中，我们惊喜地发现，大脑的背景性活动水平与语言发育之间存在关联。通常，母亲的受教育程度会反映孩子能接受到的语言刺激程度，这被广泛地应用于衡量其所处的社会经济地位[18]。在研究中，我们根据被试母亲的受教育程度将其进行分组，结果发现，如果母亲的受教育程度高，那么孩子的大脑背景性活动水平就低，即其大脑内部的噪声相对较少，而且，他们对声音要素的加工也更精确（见图 11-3）[19]。换句话说，**通过学习掌握了将声音与含义联结起来的能力以后，能使大脑产生更清晰的信号，并能减少其背景性神经活动，从而使大脑更精确、更有效地加工声音。**

社会经济地位低的家庭常面临无法接触到丰富的语言环境的风险[20]，而且他们往往生活在更嘈杂的社区。长期暴露在交通噪声中或靠近工业场所，抑或与低收入人群聚集居住，也可能会导致大脑的背景噪声水平升高[21]。有动物实验支持如下观点：将动物暴露在噪声环境中，其听觉中脑和大脑皮层上的自发脑电噪声会增加，即大脑会过度激活[22]。所以说，大脑内部的噪声可能是由大脑外部的噪声引起的。**基线水平较高的内部噪声会与语音等其他重要的声音争夺大脑空间，而长时间地接触噪声以及缺少语言刺激，会导致恶性循环，继而损伤人理解声音的能力。**

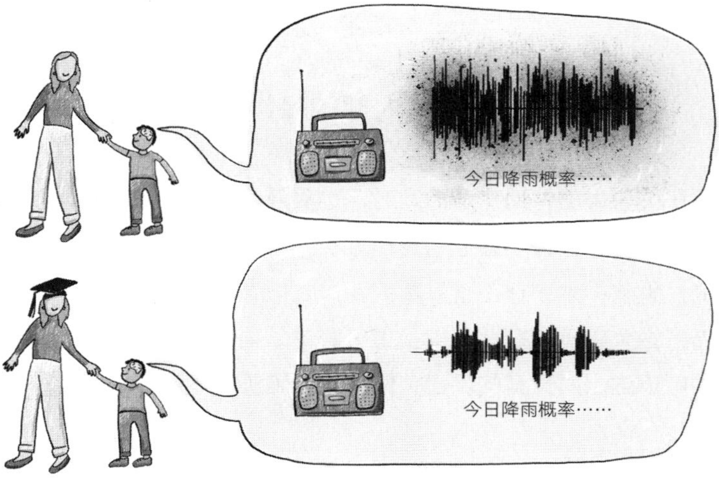

图 11-3 收入水平对大脑内部背景噪声的影响

如果母亲的受教育程度低，那么孩子大脑中神经放电的背景噪声更大，这也是低收入人群的标志性特点。

耳鸣也是一种内部噪声，其声音听起来可能像嘶嘶声、嗡嗡声或鸣响声。这些声音不是来自大脑外部，而是来自大脑内部。耳鸣可能是暂时性的，比如在听了一场吵闹的音乐会之后会出现耳鸣；耳鸣也可能是慢性的，会导致人产生压力、抑郁、疲劳和注意力不集中等问题。造成慢性耳鸣的原因有很多，但人们对此知之甚少，甚至一无所知[23]。耳鸣往往伴有听力损失（如耳聋），而噪声是引起听力损失的罪魁祸首。因此，我们从耳鸣患者身上常常能观察到大脑外部噪声与大脑内部噪声之间存在直接的关联。

另外，即使出现了听力损失，大脑的问题仍然是耳鸣的源头。患者的耳鸣通常与其听力损失的频率相一致。比如，如果一个人在 2 000 Hz 频率上的听力降低，那么他在 2 000 Hz 左右的频率上就会出现耳鸣。耳鸣就像一种听觉“类幻肢综合征”，即截肢者会感到已失去的肢体在隐隐作痛，而对于耳鸣患者而言，尽管他们的耳朵没有声音输入，但其听神经元仍在随机放电。也就是说，耳鸣患者的大脑一直在寻找声音刺激，当没有声音输入时，大脑可以自行弥补这种空缺。这也许是语言障碍儿童的神经噪声会增加的原因。

有时候，白噪声能分散耳鸣患者的注意力，但实际上，白噪声可能会使患者的耳鸣加重，因为它加重了导致耳鸣问题的脑区功能异常[24]。如果想要利用声音来治疗耳鸣，可以用一些具有含义的声音，如音乐、海浪声或风声，这些声音比一成不变的噪声更有益。

我们再简单地了解一下听觉过敏和恐音症。这是大脑对中等声音强度的声音过度敏感所致，常同时伴随耳鸣，也可能单独出现。

耳鸣、听觉过敏和恐音症是听觉系统与情绪反应相互联系的范例。患有这些症状的人会格外留意没用的声音，并因此产生消极情绪和压力，然后驱动了一个反馈环路，而这会进一步导致症状恶化[25]。人们希望通过刺激与情绪相关的边缘系统来进行治疗，从而减少这些因素对听觉大脑的干扰[26]。**耳鸣、听觉过敏和恐音症是由听觉中脑和大脑皮层的过度激活引起的，这很可能是由于听觉传出反馈系统的失灵而导致的，即其抑制功能失效了**[27]。

环境噪声污染日趋严重

声音的特性之一是可以传播得很远。传统上，因纽特人和特林吉特人（Tlingit）在航海时，可以依靠听觉来探测船身下鲸鱼的声音；图西人（Tutsi）和胡图人（Hutu）可以听出大象之间的低频交流[28]。不过，对大多数人来说，这超出了他们的能力范围，因为大多数人并未习得区分声音细节的敏锐能力。

我们无法仔细倾听的原因之一是噪声的存在，而且，我们如今身处一个更重视视觉感知的世界。在《一平方英寸的寂静》（*One Square Inch of Silence*）一书中，戈登·汉普顿（Gordon Hempton）向我们描述了他在徒步 240 千米进入华盛顿特区的途中[29]，其注意力是如何逐渐从听觉转到视觉的。当汉普顿逐渐接近华盛顿特区时，他发现环境中的交通噪声变得连绵不绝。在汉普顿看来，世界上只有 12 个地方能让人获得持续 15 分钟的寂静。当然，他说的“寂静”并非意味着完全无声。在汉普顿看来，树叶窸窣、泉水淙淙、莺歌燕语等，这些都是“寂静”的，即他所说的“寂静”指的是没有汽车、飞机、农业机械、吹叶机等发出的人造声音。**事实上，若将人类制造的噪声累积起来，范围波及甚广，甚至用探测地壳构造变动和地震的地震仪都能探测到**[30]。

那么，噪声对动物有哪些影响呢？随着环境噪声污染日趋严重，禽鸟、青蛙以及鲸鱼都提高了叫声的音量，并改变了叫声的频率或叫声的音质[31]。例如，生活在北美城市地区的歌雀将叫声的频率从 1 000 Hz 提高到了 2 000 Hz，以避开城市中峰值频率在 2 000 Hz 以下的噪声的干扰[32]。在新型冠状病毒流行期间，由于人类制造噪声的行为受到了限制，许多人开始注意到，禽鸟鸣叫声的响度似乎提高了；然而实际上，在这段时间里，禽鸟鸣叫声的响度是降低了的，因为人造噪声减弱了，它们因此能听到更远处的声音了。与此同时，禽鸟的鸣叫声也变得更加复杂多样了[33]。而如果噪声污染十分严重，鲸鱼就会安静下来①。此外，船只的声纳可能会干扰鲸鱼的回声定位系统，

① 水像空气一样，也是声音传播的介质之一。水的运动传递的声音也会受到人为噪声的影响。对于声音在不同介质中的传播，这里只简单举一个氦气球效应的例子：由于氦气的密度较小，因此声音在氦气中的传播速度较快，相应地，声音在氦气中传播时听上去也更响亮。2017 年，《两万赫兹》（*Twenty Thousand Hertz*）这档广播节目推测出了太阳系各个行星在其大气层不断变化的基础上产生的声音会是什么样子。

这可能是鲸鱼搁浅的原因之一[34]。

100 多年前，西奥多·罗斯福在自然环境保护方面颇具前瞻性，他领导建立了 5 座美国国家公园，18 座美国国家纪念公园，200 多个美国国家森林、野生动物保护区和狩猎保护区。在关于罗斯福的纪录片中，肯·伯恩斯（Ken Burns）评价说，建立美国国家公园是“美国所做的最佳决策”。罗斯福认识到了为子孙后代保护自然资源和生存空间的重要性，他曾说：

> “在美国面临的所有问题中，除了在大型战争中维护国家主权之外，任何问题的重要性都比不上这一伟大的核心任务，那就是为我们的后代留下一片更加美好的土地。”[35]

我们常说“百闻不如一见”，这可以反映出相较于视觉而言，声音所受的重视更少。我们一直呼吁减少视觉污染和森林流失，但令人遗憾的是，很多人对噪声给动物的沟通、交配和生存带来的破坏性影响缺乏认识。逐渐消失的“寂静”及其对人类和其他物种产生的影响，值得我们沉思及反省。

关于降噪，我们能做什么

比安卡·博斯克（Bianca Bosker）曾在《大西洋月刊》（*The Atlantic*）中发表了一篇报道：亚利桑那州的一名男子听到自己的房子里到处都有种单调的嗡嗡声[36]。起初，这名男子认为是某人家里的泳池水泵或地毯吸尘器的声响，但他很快意识到这种声音无法被屏蔽，即便他关上窗户或戴上耳塞，也无济于事。经过一番探查，他最终追踪到了离他家 800 米外的一家数据中心。我们 21 世纪的诸多电子活动，比如发朋友圈、ATM 机存取款、网上购物以及我在写本书时所做的研究等，都需要访问数据中心。因此，拥有大量服务器和重型冷却系统的数据中心会产生大量的噪声，博斯克将这些噪声称为“电子活动废气”。那么，应对噪声污染，我们能做些什么呢？另外，怎样做才能减轻噪声对听觉大脑的影响呢？

首要的是，我们要认识到，**噪声是一种强大而有害的力量，即使它达不到需要人掩耳的强度，它也会从根本上改变我们的大脑、影响我们的健康，而这并未得到大众的充分认识和传播。**噪声几乎是无法避免的，所以找到应对噪声的解决方案并不容易，但我们仍然可以通过一些方法来降低噪声，比如我们自己身体力行，或通过一些技术和优化改进方法来实现。而对声音多加关注是至关重要的第一步。你能否意识到，暴露在所谓的“安全”噪声中仍然有潜在危害呢？

可以在手机上下载一个声级测量的应用程序，然后分别在家里、办公室、通勤路上和健身房感受一下你身处的声音环境。在健身房里，你有没有注意过里面有多吵？事实上，健身房里播放的音乐、举杠铃的叮当声、教练的叫喊声以及杂乱的混响等声音，共同构成一个对我们有害的听觉环境。具有讽刺意味的是，我们去健身房的目的是锻炼骨骼肌及维持心脏健康，但我们很可能又会因此损伤其他方面的健康。或许，我们不必把储物柜的门摔得这么狠吧。

当我们对周围的声音越来越敏感时，很可能会疑惑：“这些声音是必要的吗？”在我们被动接受现代社会带来的诸多便利的同时，我们也可以试着停下来思考一番：我们可以做点什么？比如我们真的需要烘干机的提醒吗？每次我们锁车或开锁时，有必要让汽车鸣笛吗？其实只需一分钟，我们打开手册提示就能学会禁用鸣笛功能。再者，打电话时，是不是必须得把手机举得一臂远，开着免提，边走边大喊大叫呢？是不是每次玩电子游戏时，都要听一遍同样的音乐呢？我钟爱音乐会，但摇滚音乐会的声音非常响，为什么不能在演出间隔调低音响系统的音量呢？在这段空闲时间里，我们可以与朋友讨论音乐表演，而不需要大声喊叫；或者只是利用这段时间让自己放松一下，也是个不错的选择。

100 年前，如果有人想听音乐，那么他得找到音乐会场地，更有可能的是，他得自己演奏。而无论是哪种方法，都需要人的主动参与。那时候，人们必须腾出时间来专门听音乐，而且也会收到满意的回报。我们大脑边缘系统的奖赏回路会被激活，而伴随着多巴胺的释放，奖赏回路会得到正强化，这样一来，人们会有兴趣再次去听音乐[37]。而如今，音乐已经从前景退居到背景，从信号变成了噪声。在机场、电梯、杂货店及电话里，音乐被强加在了我们身上。我们已经无法主动地沉浸在音乐中了，而是把音乐当作一种可以忽略的噪声，一种索然无味的东西。这样的音乐只是一些没用的声音组成的刺耳混响，无法积极地调节我们的大脑，也不会教我们注意到其中的重要细节，更不会有效地调动我们的情绪。既然我们已经学会了忽略音乐，那音乐对听觉大脑的进化又有何益处呢？

降噪技术

佩戴隔音耳塞是一种减少噪声的简单方法。耳塞通常用泡沫材料制成，适用于大多数人，但对我来说，这种耳塞使用起来有点难，因为我的耳道太弯曲了，耳塞很容易掉出来。相比之下，我更喜欢蜡质耳塞，我可以把它们捏成适合耳道的形状，而且其形状也能很好地维持住，尤其是当我在健身房运动或在嘈杂环境中睡觉时，它们也不会掉出来。你也可以试试定制耳塞，即所谓的“音乐家耳塞”，这种耳塞的设计目的是均匀地降低整个频率范围内的声级，这样人戴上以后，就不会遗漏一些高频或低频的声音了。有些定制耳塞具有可更换的滤波器，可以根据环境调节声音衰减的程度。例如，在乘地铁时，你可能需要 8 分贝的滤波衰减，而在敲鼓时则需要 25 分贝的滤波衰减。

主动降噪耳机能有效地减轻持续的噪声源的影响，如飞机或火车的噪声。这种耳机是通过产生与噪声反相位的声音来实现降噪的，这两种相位相反的声音虽然可以相互抵消，但也会使声压因此升高。包括我在内的一些人，在佩戴主动降噪耳机一段时间后，往往会感到疲劳。另外，主动降噪耳机和被动降噪耳机都有多种音频播放功能，戴上以后，你就可以开较低的音量来听音乐、听有声书或听广播，因为它们可以降低背景噪声。

而在现场表演时，乐手通常会使用一种叫作舞台监控系统的扬声器，通过它可以定向接收自己乐器的声音，这样他们就能更好地听清自己的演奏。入耳式监控系统具备很多优点，能将混音直接或通过无线方式从音板传入耳朵，而定制化的声音模式则会减弱舞台上的其他声音，如鼓声，因此值得考虑。此外，使用入耳式监控系统也能提高歌手的灵活性，使其不再受舞台监控系统的位置限制。由于噪声减少了，歌手不再需要用高音量，因此演唱时的疲劳感也会有所缓解，因为他们不用再为了超越乐器或人群的声音而提高音量了。最后，入耳式监控系统也可以将不同位置之间的声音差最小化。

混响（回声）虽然不在我们讨论的噪声范围内，但它也会干扰人们对语言的理解，且会使音乐失真。通常，使用泡沫墙砖、地毯和挂毯能减轻混响的影响。现在有越来越多的场所在设计上会考虑声学问题了。人们在为餐厅、音乐场所及其他公共空间进行设计时，也会越来越多地考虑噪声问题，比如，在管弦乐队的演奏厅和餐厅的天花板上，经常会有隔音板；使用的麦克风采集周围的声音后，扬声器会以一种最小化混响的方式播放声音，其原理类似于降噪耳机。而另外一些空间会使用主动声学原理来增强混响，以活跃声学环境。除了测量声级的手机应用程序之外，还有一些众包应用程序能根据噪声程度对公共空间的友好度进行评级，可供你在找寻一个安静的地方学习或交谈时使用。

还有一种降噪设备就是助听器，它结合了数字降噪技术，能轻松地区分语音和噪声[①]。助听器可以通过编程来增强某些声音要素，如伴侣的声音，并巧妙地放大或衰减适当的频率成分，以增强语音，同时还能很好地抑制其他噪声，如厨房里的切菜声。因此，助听器已成为一种强化主观听力的工具，而不仅仅只是提升人的客观听力。

不过，定制的隔音耳机要比一般的成品耳机贵得多，入耳式监控系统同样价格昂贵；此外，降噪助听器及静音吹风机等价格也不低。鉴于此，**我们可以为自己和他人做一些低成本或零成本的事情来减少噪声。**

正在改变的态度

我曾经听过一场音乐会，当时一位音乐家吹嘘说："我们会大声地演奏，让声音足以冲破耳膜。"观众听完十分兴奋。但事实上，响亮的声音会产生剧烈的冲击，这种冲击可能具有破坏性，这与我们过去对体育运动的看法类似。比如，当运动员的头部受到撞击后，他们会说一句"甩一甩，摆脱它！"，然后立即又返回比赛中。但是，就像汽车需要有安全带和安全气囊一样，运动时也要考虑增加安全保护措施。

20 世纪 70 年代，美国只有少数的职业曲棍球运动员会佩戴头盔，而职业棒球球员一上垒就会摘掉头盔。如今，曲棍球运动员都会戴头盔，棒球运动员在球场上也会戴头盔，进行训练时则会戴加长的护颌器具。这已经成为一种常态，因为人们认识到了保护自己免受脑震荡的重要性。现在，即使是鲁莽逞能的人，在开车时也会系安全带。越来越多的人也关注到了体育运动中的安全保护，甚至在某种程度上逐渐减少了身体接触性运动。在此，我希望人们不要再像以前那样，对噪声无动于衷了。

---

① 噪声的整体"形状"（频谱）通常是恒定的，而语音的声学特性更多样化。不过，在音节速率、动态范围和频率内容上，不同讲话者之间的声学特性存在相当大的相似性。

事实上，人们的态度的确正在发生改变。像戈登·汉普顿这种提出“寂静公园”倡议的人，正努力地保护我们的安静空间[38]。新型冠状病毒感染疫情封控期间，正是由于这些人的努力，环境音量降低了，很多人都注意到了这一点，并加以赞赏。在巴黎，当嘈杂的生活恢复后，人们对噪声的投诉增加了，尤其是对摩托车噪声的投诉，之后，警方加强了巡逻，并在街角安装了噪声感应器，开始对超出噪声容限阈值的摩托车进行罚款[39]。

在声音世界中，听觉大脑会影响我们的决策。**我们越不喜欢安静，大脑就越习惯于噪声，那么世界就会变得越来越嘈杂，这是一个恶性循环。**不过，令人鼓舞的是，改善听觉大脑的方法也有很多。就像我们在重症监护室中的婴儿、双语者和音乐家身上看到的那样，**接触正确的声音可以为我们应对噪声提供解药。**

第12章

当你的听觉在衰退

迄今为止，我们的实验室已经培养了30多名博士，其中，萨米拉·安德森（Samira Anderson）的资历最高。与大多数20多岁进入实验室的学生不同，安德森在读研究生时已经自称是“老妇人”了，因为在此之前，她已经在明尼苏达州的一家私人医疗机构做了30年的听力专家。

安德森的顾客大多数是老年人，她从他们身上找到了自己的研究兴趣：听力在老化过程中扮演什么角色，以及老化会如何影响听力？在她的指引下，我们实验室开始研究老龄化的听觉大脑。在我看来，安德森绝对是领导该领域研究的最佳人选。作为一名临床医生，她渴望对自己几十年来一直治疗的疾病进行生物学解释。而且，参与研究的被试都非常喜欢她。在回答“在老龄化过程中，人际交流会有哪些变化？”等问题时，安德森展示了她深厚的知识储备，而且她乐于与交叉领域的合作者共享。在“老龄化大脑”项目结束多年后，一些被试仍会打电话过来，询问我们是否还需要人。

目前，我们对耳蜗的老化过程有很多了解。随着年龄的增长，我们一生中累积的噪声暴露以及中耳和内耳的退化，都会对听阈造成损伤。听阈反映的是耳朵能听到的最安静的声音的级别，当人步入中年后，它会以一种特有的方式发生变化。一项研究发现，在 48 岁以上的人群中，46% 的人出现了听力损失[1]；另一项研究则发现，在 70 岁及以上的人群中，63% 的人出现了听力损失[2]。这种以耳朵功能受损为主的听力损失被称为老年性耳聋。像安德森这样经验丰富的听力专家，即便没有其他信息的提示，也能根据人的听力敏度图大致猜出对方的年龄，结果的误差不会超过 5 岁。但无论是安德森，还是其他任何人，都无法猜到一个人对自己实际能听到的声音的理解能有多少。**事实上，即使听阈正常，一些老年人也无法理解自己听到的声音。**这种现象通常表现为人无法在噪声环境中理解语音。弄清楚为什么会这样，以及我们能做些什么，一直是听觉科学研究想要突破的关键难题。

除了由年龄增长造成的耳蜗退化（通常会影响人的高频听力）之外，大脑中的听觉中枢也会退化，其原因可能是从耳朵输入的信息减少了[3]。对大脑来说，声音需要以最佳状态进行传输，因此，**佩戴助听器可以提高人的记忆力和人在噪声环境中的听力，而且，佩戴助听器也会改善大脑对声音要素的反应**[4]。常听人说，佩戴助听器可以帮助他们“更好地思考”。如此说来，我们在打电话前或许也应该戴上隐形眼镜：视力好，也能帮助我们思考。

而大脑中发生的一些变化通常与听力损失无关[5]。事实上，老化会导致听觉大脑发生许多生理变化，如扰乱大脑中映射不同频率加工的功能定位拓扑图，以及阻碍调节频率选择性抑制的过程[6]。除此之外，大脑中还会出现神经信息的发放速度减缓[7]，相关脑区之间的关联性减弱[8]，以及神经噪声增加的情况[9]。

实际上，随着年龄的增长，整个大脑都会发生生理变化。例如，大脑半球的神经活动会变得更加对称，血流量会减少，而且大脑还会萎缩——人在 40 岁以后，大脑平均每 10 年会萎缩 5%。此外，大脑中的灰质和白质也会受到影响[10]，人甚至会出现轻度的认知功能衰退，包括信息加工速度下降和记忆力减退[11]。在老化过程中，神经加工功能发生了系统性的改变，这会进一步妨碍人们对声音的理解[12]。

当人们日益衰老时，日常生活中会出现越来越多的烦心事，比如在餐馆结账时突然算不出小费的数额，或者想不起自己正在阅读的小说刚刚讲了什么。伴随老化出现的认知困难，往往会影响人即时解决问题的能力，通常这种能力在我们 20 多岁时会达到顶峰。相比之下，那些通过长期不断地学习和复习而掌握的技能和知识，也就是晶体智力（crystallized intelligence），在 70 岁以后仍能不断提升[13]。

另外，随着年龄的增长，人们还会出现痴呆。痴呆并不是一种特定的疾病，而是一系列伴随记忆丧失而出现的症状，包括意识错乱、注意力不集中、乱放东西、时空记忆混乱，以及常见的人格变化。最常见的痴呆是阿尔茨海默病，据估计，目前全世界有 5 000 万人患有此病。然而，对于痴呆与上述任何一种大脑生理变化是否存在直接的关联，目前尚不明确；通过对阿尔茨海默病患者及非患病者进行尸检，研究人员目前也未得出任何结论。另外，大脑萎缩或大脑退化的程度与是否存在认知衰退以及认知衰退程度如何，它们之间的关联微乎其微[14]。

不过，虽然痴呆会将我们与世界的其他联系擦除，但声音能为人们的记忆保留一扇门。世界一流的歌剧演唱家南希·古斯塔夫森（Nancy Gustafson）曾讲过她母亲的一件轶事：她母亲患有痴呆，而且已经发展到连她都认不出来的程度，只能用“是”或“不是”来回答问题。有一天，南希在她母亲所在的记忆护理中心的钢琴前坐下，开始弹奏圣诞颂歌。这时，令人感到惊奇的一幕出现了，她的母亲几乎瞬间就开始跟着唱了起来，而且之后还和她聊了一会儿。后来，南希创办了“心灵颂歌”组织，鼓励住在老年护理机构的痴呆患者唱歌。有研究显示，音乐可以解决痴呆患者在情感和认知功能方面存在的健康问题[15]。

大脑听觉系统的老化指征

综上所述，如果像安德森这样的听力学家要想帮助一位 70 多岁的老人充分运用听力，那么她首先要明白，老年人在理解语言方面存在的困难与其耳朵的听阈之间，最多只存在一种粗略的关系。老年人在理解语言方面的困难可能是由于随着年龄的增长，其大脑在听觉和非听觉方面发生的变化造成的。

在安德森的领导下，我们针对老年人的听觉大脑特征展开了一项大规模研究。我们使用频率跟随反应方法，探索了听觉大脑的老化指征，了解了受老化影响的声音要素，继而，我们又研究了有哪些可以减缓或逆转老化对听觉大脑影响的方法。

有人说，如果“年老的”大脑患有老年性耳聋，那么它对声音的生理反应要比“年轻的”大脑小。这种说法并不能令人信服，因为如果声音还没能从耳朵传到听觉大脑的各个“站点”，那么大脑对声音可能不会出现正常的反应。

听觉实验室

为了将混淆变量即听阈最小化，我们采取了双管齐下的方法。首先，我们尽力将不同个体的听力图进行匹配。尽管上文提到的关于听力损失的统计数据并不乐观，但确实有些 60 ～ 75 岁的老年人仍有正常的听阈，而且我们可以从年轻群体中找到一些有听力损失的人，以此来平衡这个比例。其次，我们会选择性地播放声音，仔细记录所有被试在不同频率范围内的听阈，并根据其特征来选择声音。比如，根据吉恩（Gene）的听力损失情况，他听到的是从 1 000 ～ 4 000 Hz 单调变化的声音，而玛乔丽听到的是在整个频段上保持平稳的声音。因此，我们会尽最大的努力，确保每位被试听到的声音对其耳朵能产生同等的刺激作用。

频率跟随反应的测量结果显示[16]，即使在听力对等的情况下，老年人的大脑相较其他年龄段的人而言，其对声音的反应能力也几乎是整体下降的状态。虽然不同的老年被试之间存在一些细微的差异，但整体来看，**老年被试的大脑反应幅度更小、延迟更长、更不稳定（缺乏一致性）、同步性更差、谐波更弱**（见图 12-1）。差异最大的是大脑反应时间的延长，这很好理解，因为随着年龄的增长，大脑的加工速度必然会减慢，而这可能源于大脑白质的整体性改变[17]。大脑在加工语音音节时会出现延迟，尤其是在加工那些有复杂时值特征的音节时，比如 dog 这类包含辅音到元音调频扫频的单词。我们发现，终其一生，听觉大脑在加工调频扫频成分时，都存在至少 1 毫秒的反应延迟；而年老时，听觉大脑的反应更加不如以往。此外，反应的退化程度通常与被试的经历有关。那些在噪声环境中听力正常的被试，其反应的退化程度较小；而有听力困难的被试，其大脑接收到的信号则较差[18]。由于我们是选择性地播放声音，因此不同的被试都能"听到"同等的声音。正因如此，被试的自我报告才能揭示我们记录到的大脑信号所代表的被试对声音的理解程度。

那么，改善听到的声音能减缓认知功能的衰退吗？为了回答这个问题，我们让有听力损失的老年人佩戴了 6 个月的助听器。结果表明，他们不仅在噪声中的听力提高了，其认知功能也有明显改善，甚至在摘掉助听器后，他们的大脑仍显示出正在重塑的迹象[19]。

我们目前无法确定的是，听觉大脑是由于相关脑区未能做出恰当的反应，还是由于缺乏来自认知中枢（已随年龄增长而衰退）的输入信号而变得迟钝。但无论如何，我们已清楚地了解到，听觉大脑的老化不能仅仅归咎于耳朵的老化。即使佩戴了由顶尖听力专家研发、安装和调节的世界上最好的助听器，老化的大脑可能也难以完成诸如从背景噪声中辨识语音的任务。

那么，有什么解决方法呢？安德森决心去寻找办法以帮助年龄较大的顾客恢复因年龄增长而逐渐衰退的听觉大脑。

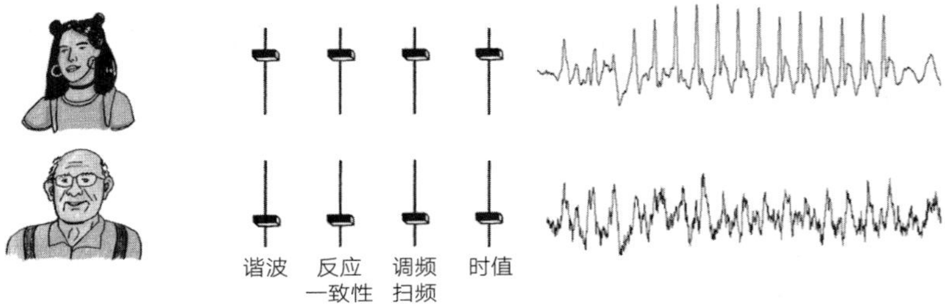

图 12-1 老年人的大脑在很多方面都表现出衰退特征

延缓听觉衰老

大脑训练

随着个人计算机和智能手机的普及，数字化的“大脑训练”应用程序也开始蓬勃发展，有些针对的是老年人，而有些针对的是学龄儿童。开发人员声称，这些应用程序能通过“重新连接大脑”来提高记忆力、认知能力和注意力。有些应用程序看上去较合理，也有科学依据；而其他的只不过是在跟风。无论是神经科学家还是其他领域的科学家，对这一现象既有人表达支持，同时也有人表达怀疑[20]。尽管如此，安德森还是意识到现在有一种客观的方法可以用来衡量声音对听觉大脑的影响，即测量老年人的大脑对声音的反应能力能否通过现有的训练得到加强。如果能实现的话，这对我们所有人以及听力健康机构来说，都有重要的参考价值。

安德森选择了一种主要用于听觉训练的商业产品，该产品可以帮助训练将注意力引导到特定声音要素上，如区分在声音（如调频扫频）、音节以及时值特征方面有不同之处的单词，这些任务会在逐渐复杂化的听力环境中一一被呈现出来。一开始，被试可以很容易地听出声音要素。而在他们学会了区分越来越细微的声音差异后，系统就会根据他们的表现逐渐加大声音要素的区分难度。对安德森来说，解决顾客的问题以及发现他们的大脑有什么样的特征，她似乎都能手到擒来。安德森招募了 79 名年龄在 55 ～ 70 岁之间的被试，然后从中随机选择一半被试参加为期 8 周的大脑训练；让另一半观看相同时长的教育视频，并参与测试。无论哪一组，所有被试每天都会进行 1 小时的活动，每周持续 5 天。在为期 8 周的训练前后，每个人都会接受记忆力、噪声听力、加工速度和频率跟随反应等方面的测试。

8 周后，参加了大脑训练的被试在记忆力、噪声听力和加工速度方面都有所改善。他们对时值特征的神经反应也加快了，尤其是在噪声环境中，他们对语音音节的调频扫频做出的反应速度变快了[21]。而那些观看教育视频的被试却没有出现这些变化。在相对较短的时间内进行有针对性的听觉训练，似乎可以调控大脑的健康状态，并减轻老年人主要的听觉困扰，即难以适应听觉场景，比如在噪声中区分语音等。

在一次大脑训练的过程中，一位名叫弗雷德的被试不敢相信自己能听到电影中的声音了，他说：“突然间，我被电影中的笑话逗乐了，而没有一直在想‘那个家伙是谁？’。训练似乎让我的听力变得更敏锐了！”另一位被试仙蒂则说，训练结束之后，她更喜欢和孙辈们一起参加喧闹的聚会了。然而遗憾的是，有迹象表明，这样的改善可能无法持续下去[22]。那么，可不可以安排个“增效剂量”的疗程呢？无论如何，如果选对了的话，那么大脑训练方案就可以作为一种方法，帮助因老化而受损的大脑恢复对时值精准加工的能力。

那么，有没有一种方法，可以从一开始就能防止时值加工能力的受损呢？

健康地变老

随着人类寿命的延长，老年人口逐渐增多，“健康老化”的概念日益受到更多人的关注。美国国家老龄化研究所指出，让老年生活更多姿多彩、更有意义的 4 种基本方法分别是：保持健康的体重、注意饮食结构、积极锻炼身体以及参加业余爱好和社交活动。这些方法可以降低患痴呆的风险，能延长寿命[23]。

值得注意的是，美国国家卫生研究院并未对听觉大脑在健康老化过程中发挥的作用进行介绍。但其实，老年人的生活质量与声音和老年人的听力密切相关。即使严格控制其他所有的风险因素，比如年龄、性别、受教育程度等，听力损失也仍然与认知障碍存在密切而独立的关联[24]。在被诊断为痴呆的人群中，患有听力损失的人的认知功能衰退得更快[25]。美国国家卫生研究院和英国国家卫生研究院都已明确指出，听力损失是最易改善的痴呆风险因素之一[26]。痴呆与听力的联系不仅存在于听觉大脑上，也存在于耳朵中。人在噪声中辨音时，不仅需要听到信号，还需要具备思考能力，而患有阿尔茨海默病和其他记忆障碍的老年人，其噪声听力普遍降低了[27]。

此外，**无论是整体听力下降，还是噪声听力障碍，这些听力问题都会导致社交孤立。**例如，如果你无法听清别人的话，你就不太可能和朋友出去郊游、去教堂、给你的孩子打电话，也不可能和杂货店的收银员聊天。你会逐渐退缩，并感到社交孤立和孤独，最终导致生活乏味。美国国家卫生研究院指出，以上这些社会因素都与痴呆有关。

因此年轻人可以从今天就开始锻炼并调整饮食，为健康的老年生活做好准备；我们也可以通过一些方法来维持听觉大脑的健康，从而为将来打下良好的健康基础。事实上，健康地老化应该从童年就开始准备。

用音乐维持听觉大脑的年轻状态

音乐训练可以帮助老年人健康地生活。从大脑对声音的反应可以看出，年长的音乐家在噪声环境中区分语音的能力，比同龄的普通人要好[28]。此外，有音乐体验的老年人比没有音乐体验的老年人能更好地保持记忆力和认知功能[29]。

听觉实验室

我们研究了年长的音乐家的听觉和大脑功能，招募了年龄在 45 ～ 65 岁之间的音乐家和普通人，其中，音乐家们自小就开始了长达数十年的音乐训练。从中我们仔细筛选出了听力和智力均正常的被试，并在认知功能、身体状况和社交活动等方面进行了匹配，然后测试了被试的噪声听力，结果发现，音乐家的噪声听力更好[30]。然后，我们又研究了音乐训练对大脑老化指征的影响。值得注意的是，之前发现的年长者在加工时值、反应一致性等声音要素上所表现出的能力下降的现象，在年长的音乐家中表现得更轻，甚至完全不存在。事实上，年长的音乐家的大脑反应与健康的年轻人非常相似（见图 12-2）[31]。与听力正常的同龄人，甚至年龄只有自己一半的人相比，年长的音乐家的噪声听力几乎与他们相当，甚至更好[32]。此外，即使是存在听力损失的老年人，他们也能从音乐训练中获益。无论是否有听力损失，音乐家的大脑一直到老年时期都能产生清晰的、和年轻人一样的神经活动。

稍许即可 晚年时，我母亲因为关节炎出现了双臂无力、指关节肿痛。她开始打不开罐子，系鞋带也很困难。但由于接受过长期的音乐训练，她形成了听觉运动记忆，因此仍然会弹钢琴。

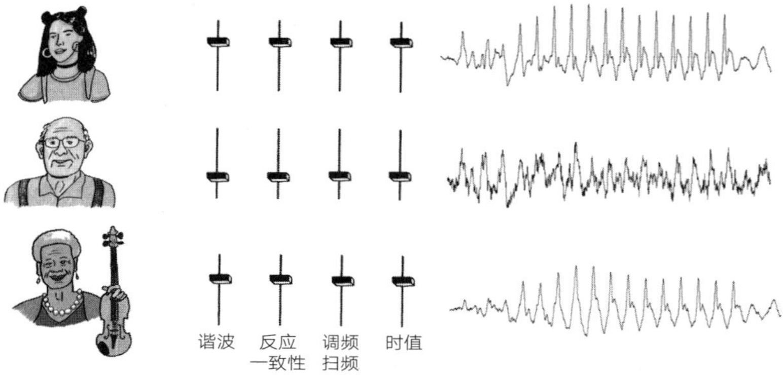

图 12-2 年长的音乐家的听觉大脑与年轻人相似

对于音乐家来说，即使他们不再继续演奏，音乐训练给他们带来的积极效果也会持续下去。有一次，我问听众："你们当中有多少人演奏过音乐？"很多人举起手。我又问："那你们当中有多少人现在还在演奏呢？"举手的人中，大部分人的手又都放下了。其实，很多人过去都受过音乐训练。那么，在生命早期进行音乐训练，是否可以在几十年后获得回报呢？当听觉大脑通过音乐训练学会将声音与含义有效地联结起来之后，它在以后的生活中会继续自动地强化这一技能吗？

实际上，那些在数十年前有过哪怕仅仅 3 年音乐训练的老年人，其大脑特征看起来都会比未接受过音乐训练的同龄人更年轻[33]。尤其是像语音中的调频扫频这类特征，有过演奏经历的老年人在这类声音要素上会表现出更强的时间分辨能力。这一结果与动物实验结果相一致，它证明了，**在发育早期丰富听觉环境，可以提升生命后期的听觉加工能力**[34]。不过，相比于持续进行音乐训练的老年人，这些人能获得的益处要少得多。如图 12-2 所示，终身进行音乐训练的老年人，在诸多声音要素的加工上都更强。其他对早期音乐训练的研究发现，接受过至少 10 年音乐训练的老年人在记忆力、执行功能和认知灵活性方面，均优于很少或没有接受过音乐训练的人，尽管后者在其他方面表现良好[35]。

永远不迟 如果一个人年纪大了，而且从来没有接受过任何音乐训练，那么他现在开始参与音乐活动，会有用吗？

当然有用了！就像前文提到的戴眼镜的猫头鹰和其他的动物研究一样[36]，**人类的大脑在进入老年以后，仍能继续发生重塑。**现在立即开始音乐训练的老年人在神经加工和听力方面也能获益。50 ～ 70 多岁的成年人每周进行 2 小时的集体合唱和声乐训练，持续 10 周，即可改善噪声听力，且其大脑对语音基频的神经反应也会增强[37]。此外，晚年时学习钢琴能提高个体的噪声听力，还能强化大脑的语言 - 运动系统[38]。在一项研究中，研究人员对比了听音乐和演奏音乐的人群，结果发现那些 60 ～ 80 岁在真正演奏音乐的人，在工作记忆和手的协调能力方面的表现更好[39]。

听觉实验室

芬兰的老年人普遍会参加合唱团，受此启发，美国加州大学的教授朱琳·约翰逊（Julene Johnson）开始了一项大规模研究。她发现，参加社区合唱团的老年人的孤独感会下降，生活质量会提高[40]。而且，参加合唱团的老年人在一些可量化的健康指标上都表现更好，如他们的看病次数、服药次数和跌倒次数都比其他人少[41]。所以说，音乐训练的确能直接影响老年人的听觉大脑，而且还能带来其他好处，比如提高生活质量、提升记忆敏锐度以及全面提升幸福感[42]。

学习第二语言能维持听觉大脑的年轻状态

人的认知功能的健康除了有赖于认知训练、受教育程度、饮食状况、体育活动和积极社交生活，还有赖于另一种因素，即双语能力。在需要注意力和抑制控制等认知技能的任务中，双语者通常比单语者表现得更好，而且，双语者的这一优势能一直持续到老年时期[43]。在阿尔茨海默病患者中，双语者的大脑在表现出严重的症状之前，比单语者能承受更大程度的脑萎缩[44]。一些研究正试图对双语和脑萎缩的关联程度进行量化，有种说法是，学习第二语言可以将痴呆的发病时间推迟 4 ～ 5 年[45]。

拥抱老龄化

说实话，我正在享受变老这件事。与青少年比起来，到了我这个年纪的人有更多的时间和资源投入到工作中。我的生活一直被我喜欢的声音环绕，这些声音也造就了今天的我，比如我躲在母亲的钢琴下听到的琴声、意大利的山林之语、纽约的城市之声、在我 60 岁时听到的电吉他声等，此外，我还准备在 90 岁时写摇滚歌剧……我相信我的听觉大脑一定会不断进化。

我曾参加过一些讨论老化主题的会议，一种流行的观点认为，变老是一件“坏事”。这个结论是建立在一些可测量的指标上的，如听阈、反应时间、脑萎缩程度等，但实际上，无法量化的东西可能更重要，比如智慧、耐心、同情心和欢乐。随着年龄的增长，我们学会了如何倾听以及哪些人、哪些话值得倾听。生活体验是无法量化的，但如果它可以被量化，可能会有更多人讨论“变老是件极好的事”吧。

我希望越来越多的人能认识到听觉、思维和情感之间的联系。虽然我们无法穿梭时空，无法回到多年前重新构建听觉大脑，但学习或重新学习音乐演奏、学习一门新语言、进行加强声音与含义间联结的训练等，仍然完全有可能实现。实际上，听觉大脑就像一座立交桥，四通八达，连接着丰富生活的方方面面。

第 13 章

运动对大脑的影响

我的叔叔汉斯·克劳斯（Hans Kraus）是名整形外科医生，他很爱滑雪和攀岩，并曾数十次攀登过纽约的肖瓦岗山和意大利的多洛米蒂山。此外，他也是儿童身体健康的倡导者，他的研究对学校的课程设置产生了持久的影响。

20 世纪 50 年代，汉斯叔叔倡导让所有孩子都在学校里接受强制性的体育教育，他认为，体育锻炼不应该只留给那些希望参加校队的人。他通过研究发现，美国儿童的身体健康状况落后于欧洲儿童[1]，因此他才提出了上述主张。之后，汉斯叔叔通过克劳斯－韦伯体能测试，并使用该测试中用于评估灵活性及力量的 6 个项目①，对数千名来自美国、奥地利、意大利和瑞士的儿童的体能进行了测试，结果，他发现了一些发人深省的情况：美国有 58% 的孩子连 1 项体能测试都没能通过，而欧洲仅有 9 % 的儿童也是这个状态[2]。

① 该测试由汉斯·克劳斯与索尼娅·韦伯（Sonja Weber）共同制定，用于体能评估。——译者注

汉斯叔叔向当时的美国总统艾森豪威尔报告了自己的发现，后来，艾森豪威尔成立了“总统健身、体育与营养委员会”。20 世纪 50 年代后期至 20 世纪 60 年代，美国公立学校的健身项目得到了巨大的发展。汉斯叔叔关于青少年身体健康的观点与我对音乐教育的观点是一致的。无论是健身还是音乐训练，都不应该只提供给擅长这些活动的学生。身体健康对每个孩子都有好处。健康，就像音乐一样，应该成为每个孩子成长过程中不可或缺的部分。

而在当时，汉斯叔叔对青少年健身的观点立场可以说很独树一帜。今天，运动训练已成为维持身体健康的最佳方式之一。运动能促进身体健康、改善心血管功能、提高认知功能，还能促进神经系统的健康[3]。

那么，运动与听觉大脑之间又有什么关系呢？

运动员独特的“降噪”能力

运动会影响人的大脑。人在成年后，学习一项新的体育活动可以增加大脑灰质的体积，提升认知功能[4]。而髓鞘是一种神经绝缘体，可以提高神经元之间的通信速度，且与学习新技能有直接关联[5]。

运动能增强身体各个系统的功能，而在这背后，听觉大脑一直在默默地奉献着。运动员都清楚声音在自己的动作表现中起着多么重要的作用：有的很明显，如听队友的暗示和教练的指示，并迅速做出反应；有的则很微妙，如监听场上活动的声音，并据此调整自己的动作[6]。这些都有赖于运动员自身的听觉大脑灵敏、定位准确、功能健全。为此，我们想知道，能否从大脑对声音的反应中找到可以支持上述观点的生理学证据。

听觉实验室

我们测量了美国西北大学近 500 名参加全美大学体育联盟一级联赛的运动员的大脑对声音的反应，以及另外 500 名并非运动员的本科生的大脑对声音的反应。

想知道，相对于神经系统中一直存在的背景噪声，大脑对声音的反应会有多大？无线电信号的背景中通常会有静电噪声，你可以通过降低静电噪声或调高播音员的音量来降低干扰程度。对于参与研究的运动员和非运动员，我们分别测试了他们对语音的反应比对背景噪声的反应强多少，结果发现，运动员的声音 - 噪声比率（即信噪比）大。出现这样的结果，并不是由于信号的增强，而是由于噪声降低了（见图 13-1）[7]。这表明，**体育活动可以促使大脑加工“更干净”的声音，进而促进信息的传递。**

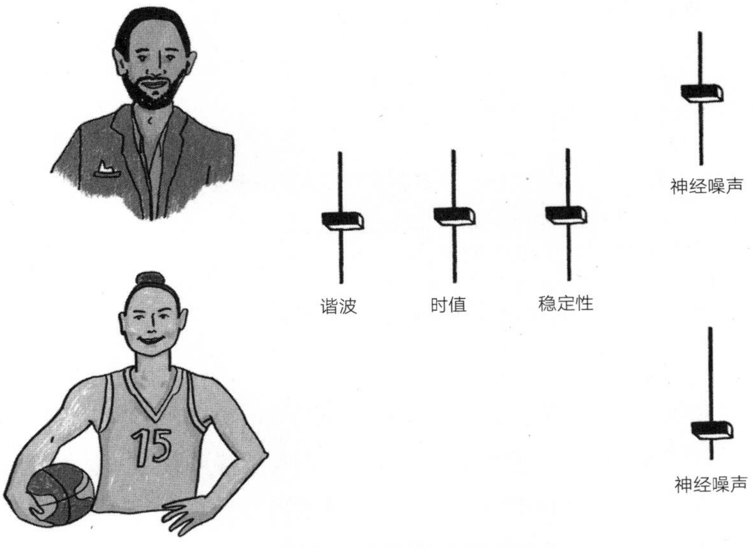

图 13-1　运动员的大脑特征

运动员的大脑相较他人而言更安静。声音的增强是由于神经系统的噪声降低了。

和运动员一样，音乐家和双语者的大脑的信噪比也有所提高，但与运动员是通过降低噪声实现的不同，后两者是通过调高播音员的音量来实现的。音乐家能精确地加工声音要素，这对传达包含了时值信息、谐波、调频扫频等声音要素的词语十分重要；双语者则对基频有强烈的反应，这有助于他们锁定讲话者的声音。而声音之所以更容易被运动员的大脑“抓取”，是因为它不受神经活动背景噪声的干扰。也就是说，虽然每个运动员、音乐家和双语者都能听清播音员的声音，但他们的听觉大脑却迥然不同（见图 13-2）。

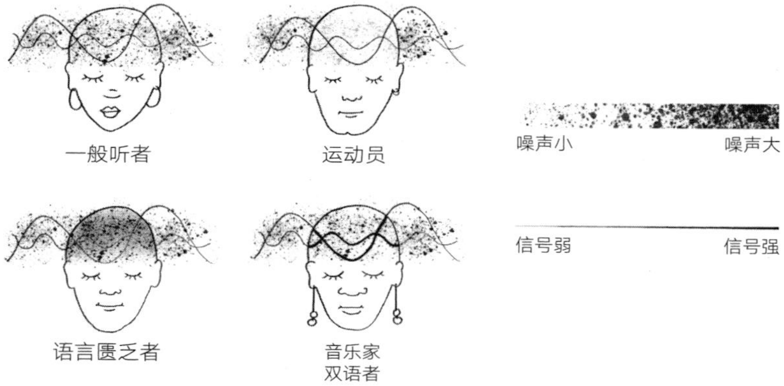

图 13-2　两种增强声音信号的策略

与一般听者（左上方）相比，语言匮乏者的大脑（左下方）中既存在背景噪声音量过高，又存在声音信号音量过低的现象，因此他们很难听到声音信号。而音乐家和双语者的大脑（右下方）可以放大声音信号，运动员的大脑（右上方）则可以减弱背景噪声，因此这两种策略都能使声音信号更容易被听到。

不同社会经济地位的人，其大脑中的背景噪声也存在差异；而年龄较大或遭受过听觉创伤的人，其大脑中神经活动的背景噪声会增加。这说明，背景神经活动可以反映大脑的健康状况。而在语言匮乏者的大脑中，神经活动的噪声更强[8]。我们的语言中富含声音与含义间的联结，如果积累这种联结的时长被缩短了，就会导致过度嘈杂的大脑无法聚焦于重要的声音。与并非运动员的普通人相比，运动员的大脑表现出完全相反的情况，后者大脑的背景性神经活动会持续减少，也就是神经噪声更少，使他们能更清晰地加工声音。安静的大脑在理解声音时可以事半功倍，因为听觉大脑与认知系统、感觉系统、运动系统和情感系统是相互关联的[9]。运动员大脑的这种增强模式是否与其整体健康水平有关，还是与运动员特别需要声音信号并据此做出反应有关，抑或是与两者都相关，还有待进一步确定。

运动的害处：脑震荡

理解声音的含义是我们对大脑提出的最艰巨的一个任务要求。而当头部受到撞击时，无疑会破坏这一细致而精确的过程。我们可以从大脑中声音加工过程的角度，为脑震荡提供生物学上的解释。

脑震荡，也被称为轻度颅脑损伤，在体育运动中十分常见。在美国，身体接触性运动是最受欢迎的运动之一。例如，美国人十分热爱橄榄球，“超级碗”的收视率通常要比紧随其后播放的竞争节目高出两倍。

2012 年到 2019 年期间，美国国家橄榄球联盟平均每年会出现 242 例脑震荡病例，患病率为 7%，而且因脑震荡而退役的联盟球员也有很多。实际上，足球、橄榄球、曲棍球等运动都面临着球员提前退役人数增加的困境。一些著名的已退役联盟球员曾起诉美国国家橄榄球联盟，认为其未充分告知球员脑震荡与慢性健康问题之间存在相关性。

另一项关于脑震荡的流行病学调查发现，在美国，每年因头部受伤而到急诊就医的人数为 20 万，其中超过 65 % 是未满 18 岁的未成年人[10]。因此，一些知名的已退役联盟球员呼吁应该禁止 14 岁以下的参赛者拦截橄榄球[11]。如今，呼吁学校修改身体接触性运动的玩法规则已不再被视为无关紧要的说法[12]。

由于存在脑震荡和头部被反复撞击的可能性，因此参加接触性运动的人面临着遭受短期或长期脑损伤的风险。值得一提的是，研究人员发现已过世的数十名退役球员都曾患有一种被称为“慢性创伤性脑病”的疾病。该疾病的典型表现是认知障碍，包括记忆力减退、大脑加工速度降低以及决策能力衰退。“慢性创伤性脑病”这个词是在 1940 年左右被提出来的，当时被用来描述一种之前被称为“拳击手脑病”或“拳击性痴呆”的症状状态。1928 年，发表在《美国医学会杂志》（*Journal of the American Medical Association*）上的一篇文章指出，在拳击比赛中被击昏的拳击手“可能会出现明显的精神衰退，甚至不得不被送进精神病院接受治疗”[13]。事实上，愤怒、抑郁、冲动和其他情绪变化，是常见的由头部反复受伤所导致的长期后果，有时在已退役球员身上会发现这些现象[14]。有些被认为是自杀的人，在他们去世后才被诊断出患有慢性创伤性脑病①。另外，参与橄榄球或拳击等接触性运动的运动员，也可能经历亚脑震荡性损伤。这种损伤虽然并不严重，不足以引发急性脑震荡的症状，但随着时间的推移，次生脑震荡重复发生，会导致进行性脑萎缩和慢性创伤性脑病的出现。

目前，慢性创伤性脑病的患病率很难确定，部分原因在于确诊的人往往有重复性脑外伤病史或经常从事危险行为，他们被确诊为慢性创伤性脑病的概率本来就很高[15]。《美国医学会杂志》在 2017 年发表的一份报告中指出了这一内在偏差，该报告表明，对 111 名已去世的退役球员进行大脑检查时发现，有 110 人具有慢性创伤性脑病的指征，其中 86 % 的人患有严重的慢性创伤性脑病[16]。

后来，美国各级体育运动组织重新评估了各项运动，以预防或减少运动员的头部损伤。一项研究指出，在橄榄球运动中，超过 20% 的脑震荡发生在

① 目前，对患者的脑组织进行尸检是确诊慢性创伤性脑病的唯一方法。死者患病与否，取决于其大脑中是否存在异常的磷酸化 tau 蛋白，这种特征标记物，与阿尔茨海默病的特征标记物相同。

开球的时候。因此常青藤联盟将开球位置从 35 码线调整到了 40 码线，结果球员触地得分率提高了一倍，球员拼尽全力快速回传的行为也相应地减少了。在新规定实施的第一年，脑震荡的发生率就有所下降。自 2016 年开始，美国国家橄榄球联盟将触地后卫的位置设置在 25 码线上，以更好地激励接球手在接球后不用再冒险回传。甚至有报道称，美国国家橄榄球联盟正在考虑取消开球。与此同时，判罚也变得更为严厉，这使得违规阻挡以及粗暴对待传球者和罚球者的次数减少了。另外，监督赛事的医生也有权中止头部受伤的球员参赛，以便让其接受针对脑震荡的治疗。为了能减少球员头部受伤的发生率，世界橄榄球比赛也把可判定为违规高扑搂（high tackle）的高度阈值调低了。而对于其他体育项目，欧洲足球联合会也在推动延长对运动员进行头部损伤评估的时间。

随着比赛规则的改变，当务之急是找到及时、准确、轻便的头部损伤评估方法。因此，那些不需要运动员去主动参与检测的客观生物标志物检测就具有明显的优势了，因为在头部受伤后，并非是运动员主动参与测试的最佳时机。此外，在运动员群体中，存在着一种坚持不懈和团队忠诚的文化，而这可能会导致运动员瞒报或掩饰自己的症状。例如，当一名运动员头部受伤后，他可能会试着晃晃头，并坚称自己感觉良好，可以重返赛场。此外，运动员还可能会故意在基线测试中表现不佳，以此来“耍花招”。例如，在一项测试中，研究人员要求运动员单腿站立一段时间，而那些知道自己可能会在比赛中受伤的外接球手，可能会在季前赛的基线测试中故意装出左右摇晃站不稳的样子，然后在真的受伤后会说：“教练你看，我在之前也不能很好地保持平衡，我现在的状态可以参加下一场比赛。”因此，理想情况下，我们应该找到一种“让大脑告诉我们真相”的方法。

鉴于以往的脑震荡诊断方法具有一定的模糊性，目前，我们有充分的理由认为，听觉系统检查或许是能减少这种模糊性的一种有效方法。我们现在知道了脑震荡对感觉系统、认知系统、运动系统和情感系统的影响[17]，而这些系统都与听觉大脑密切相关。

基于声音的脑评估

其实，在诊断和治疗脑损伤和其他神经疾病的过程中，对声音加以运用是有先例的。本书中图 2-3、2-4 等均摘自水彩画《神经景观》（Neuralscapes），它们都出自神经学家阿诺德・斯塔尔之手，他率先使用头皮电极来测量听觉反应，并将其作为表征神经健康的指标。其实，大脑中的皮层下听觉系统主要负责计时。脑肿瘤、卒中、多发性硬化和其他神经系统疾病都会损害大脑对声音的神经反应时间。

当一切正常运转时，听觉大脑十分擅长精确加工时间信息；正是由于这种精确性，大脑深部结构中的同步反应才能以可记录的脑电波形式设法到达头皮表面。哪怕是最小程度的时值错乱，也足以抑制或延迟这一微弱的信号，甚至会阻止其显现出来。即使神经振荡的峰谷值出现得比预期晚了几分之一毫秒，我们也能清楚地知道，大脑中发生了令人担忧的事情。

皮层下的反应时间测试曾经仅用于记录对声音起始时刻的反应，而现在，我们可以使用频率跟随反应来观察大脑是如何加工其他声音要素的，如音高、时值、音色等。而基于声学的诊断方法也相继涌现，用于诊断一些无法通过磁共振成像来判别的疾病，如精神分裂症、注意缺陷多动障碍、孤独症、语言障碍、高胆红素血症和艾滋病[18]。

脑震荡和听觉大脑

实际上，仅用单一的测试是无法诊断出脑震荡的。即便磁共振成像的确快速、经济、便捷，但我们也很难从中发现脑震荡的证据。医生必须权衡各种测试的结果，有时还要参考患者可靠性不高的症状报告。此外，脑震荡的症状及脑震荡对认知功能的损伤可能是暂时的，也可能不会在头部受到撞击后立即出现。诊断指南提供了一些参考指征，例如观察患者的生理体征、认知、情绪、行为或睡眠等方面的症状，帮助明确这些症状与先前的疾病、治疗方法或用药无关[19]。然而，两位不同的医生在评估同一名患者时，可能会得出完全不同的结论，这种情况会带来很大的问题。做个类比，就像当一名体育教练在赛场边做出评估时，他会决定某个进攻性抢断是否应该回到球门线上，如果他做出的是错误的决定，可能会危及运动员的安全，或对一场关键赛事的结果产生负面影响。

我们已知的大部分关于脑震荡对声音加工的影响，都来自研究人员对那些遭受颅脑损伤以及因路边炸弹爆炸或其他情况下的爆炸而造成脑震荡的士兵的观察。如果一个人距离爆炸装置很近，在爆炸中受到冲击，那么最终爆炸声很容易使他的耳朵受伤，这一点是毋庸置疑的。不过，长久以来，对于大脑是否会因爆炸的物理冲击而受到损伤，进而妨碍到声音加工过程，研究人员并没有找到能支持这个观点的证据。相反，人们通常会认为，受害者随后出现的任何听觉问题都是由于其暴露在有害的声音中所致。但越来越多的证据表明，“无声的”头部损伤也可能会对大脑理解声音产生不利影响。

脑震荡患者在执行听觉任务时可能存在困难，如音高模式识别①和语音感知方面。脑震荡患者最常抱怨的是，他们无法在背景噪声中听清语音。

听觉实验室

为了将听力损失作为控制变量，埃里克·加仑（Erick Gallun）对遭受过颅脑损伤但听阈正常的士兵进行了观察，结果发现，未遭受过颅脑损伤的对照组的噪声听力是这些士兵的 3 倍[20]。埃里克在与运动相关的脑震荡患者中也发现了类似的情况：遭受过一次或多次脑震荡的运动员，他们在加工声音方

① 该任务内容为：研究人员播放一段音高序列“哔—哔—嘭”，然后询问被试“你听到了什么样的音高组合？”，正常被试会回答“高—高—低”。

面的表现更差[21]。在针对脑震荡后认知功能的康复治疗中，基于听觉节律的治疗方法很有应用前景，而且，这也为证明声音与脑震荡间存在关联提供了间接的证据[22]。

脑震荡常常引起头部肿胀，继而压迫脑组织，导致神经纤维折断或撕裂[23]，而神经系统中的某些长纤维连接着大脑皮层和皮层下区域[24]。我们观察到，在参加完大学橄榄球赛后，球员中脑神经纤维的完整性会降低[25]。此外，脑震荡还会破坏听觉皮层的功能[26]，而颅脑损伤会直接影响大脑对声音的反应时间[27]。通常，颅脑损伤的严重程度和反应时间的延迟程度相关[28]。

少儿运动员的脑震荡

大多数脑震荡患者能在一周内康复，但约 1/3 的患者，其症状会持续一个月或更长的时间。我们与儿科医生兼脑震荡专家辛西娅·拉贝拉（Cynthia LaBella）合作，共同研究了这些持续性病例的听觉加工情况。拉贝拉在一家大型儿童医院负责运动医学方面的研究，这家医院每年会接待约 300 例脑震荡患者，其中大多数是由运动损伤引起的。在她的诊室里，我们对有持续性症状的儿童进行了测试，这些儿童在经历了脑震荡后出现了持续性的阳性症状。我们发现，对他们而言，在噪声中辨识语音是十分困难的[29]。

我们的研究还表明，即便在耳朵功能正常且不存在听力损失的情况下，脑震荡仍会导致听觉加工出现困难。出于对改进脑震荡评估方法的需求，我们开始研究能否从生理学角度来测量脑震荡所引起的听觉加工方面的损伤。

拉贝拉医生的运动医学门诊主要接诊脚踝扭伤、手臂骨折等肌肉或骨骼损伤的孩子以及脑震荡的儿童。我们实验室的往届生埃莉·汤普森（Ellie Thompson）测试了这些儿童的噪声听力，并记录了他们的频率跟随反应。

她发现，利用时值特征和基频大小来辨识脑震荡的准确率极高，并且还能以更高的辨识准确率筛选出对照组被试，即患有肌肉或骨骼损伤但没出现脑震荡的儿童[30]。在使用任何诊断工具时，人们都必须在谨慎敏感性和特异性之间权衡。敏感性代表的是真阳性率，即在已确诊为脑震荡的患者中，通过频率跟随反应能检测出的脑震荡患者人数。特异性是指真阴性率，即通过频率跟随反应能剔除的非脑震荡患者人数。更重要的是，因为处于不同康复阶段的儿童的症状严重程度，与其对声音的基频反应相关，因此我们可以用听觉大脑的反应水平来监测其恢复情况。事实上，在第二个测试时间点，当脑震荡症状消失后，他们听觉大脑的活动也就恢复正常了。我们后续的研究工作就是继续寻找证据以巩固听觉大脑与脑震荡间的关联性[31]。我们发现，确诊了脑震荡的儿童在噪声中辨识语音方面存在的问题与我们发现的基频特征相吻合。**我们在噪声中辨识语音时，会依据音高特征锁定说话人的音高，从而让我们将其声音作为整体的听觉对象，而这有助于我们从背景噪声中识别出这些语音**[32]。

大学生运动员的脑震荡

美国西北大学体育学院的副主任兼首席体育教练托里·林德利（Tory Lindley）希望西北大学能赢得比赛，也希望西北大学能成为运动健康和运动安全方面的领导者。

我自认为是一名运动员，因为我喜欢健美操、拳击、街舞和骑行。很久以前，我曾经用33天的时间骑行穿越了4 800多千米。但我不喜欢团体运动。而珍妮弗·克里兹曼对任何运动都感兴趣，她一直关注着运动员头部受伤的问题，而且她在探寻听觉加工和脑震荡之间的关联方面很有建树。克里兹曼会运动语言，而我则不会。她帮助我们和西北大学体育学院建立了合作关系，以便从整体上看待参与体育运动的利弊，因为这些都与听觉大脑有关联。

听觉实验室

我们先测试了 25 名当前没有表现出任何脑震荡症状的橄榄球运动员，虽然他们过去曾有过一次或多次脑震荡经历，但在测试时已恢复正常。那么，通过检查他们的听觉大脑，我们能否了解他们曾经遭受过创伤呢？我们检查了这些运动员的大脑对声音的反应，并将他们与另外 25 名在球场上打相同位置，但从未遭受过脑震荡的橄榄球运动员进行了对比。结果显示，与我们研究的有脑震荡症状的少儿运动员一样，有脑震荡病史的橄榄球运动员对基频的反应也降低了[33]。由此可见，听觉大脑不仅可以很好地用来评估有阳性症状的脑震荡情况，而且对检测此前的头部损伤似乎也很敏感。也许我们的这项工作有助于慢性损伤性脑病的早期鉴别，可以替代目前只能通过尸检来诊断的方法。

后来，我们将对听觉大脑和脑震荡之间的关系的研究扩展到西北大学不同性别的所有一级运动员人群中。在每个赛季开始和结束的时候，我们都会对校内的 500 位运动员进行测试。如果某位运动员遭受脑震荡，我们会立即对他进行评估，且每隔一周对其做一次随访。我们会评估他对声音的反应，并将其与他的基线神经信号进行对比。

大脑对音高、时值和谐波的加工能力，似乎会在头部受伤后的不同阶段发生系统性变化。在症状的急性期，大脑对这 3 种声音要素的加工过程都显现出受损的迹象；而随着症状开始逐渐消失，首先得以解决的是谐波加工的中断问题；当患者康复后，其时值加工能力也能得以恢复，但音高编码的受损则可能会在大脑中留下后遗症（见图 13-3）。

那些没有遭受过脑震荡的运动员在接触性运动中还可能会遇到哪些风险呢？随着研究的推进，我们的纵向研究可以解答这一问题。由于频率跟随反应具有敏感性、颗粒性和易感性，故它是一种强有力的研究工具。通过测量频率跟随反应的变化，我们可以捕捉到听觉加工过程中，由多次头部撞击累积而成的细微变化。如果某个运动员连续 4 年参加同一项接触性运动，在没有遭受临床程度的脑震荡的情况下，他的大脑是否会受到损伤呢？还是说，只会像我们之前提到的那样，大脑会因为运动变得更安静呢？

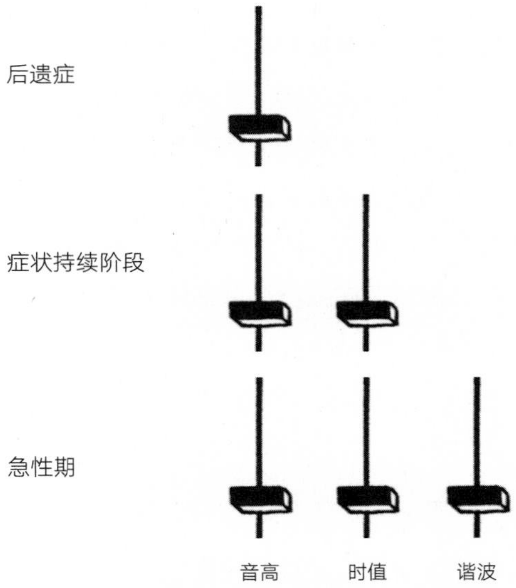

图 13-3 脑震荡后声音加工能力的阶段性变化

重返赛场 “贝丝需要退出比赛吗？”“斯图什么时候可以上场？”……我们发现，运动员在遭受第一次脑震荡之后，继续发生第二次脑震荡的概率会增加[34]。这可能是因为运动员的大脑还没有完全恢复，从而增加了他们未来受伤的风险。我们希望通过测量大脑对声音的反应，帮助运动员确定他们是否已经为重返赛场做好了准备。

重返学校 我们可以通过听觉大脑来探测大脑的受损情况，因为这其中往往涉及听觉加工的受损。例如，近期遭受过颅脑损伤的青少年，在嘈杂的教室里可能无法表现良好。因此，如果能让患有运动相关性脑震荡的孩子重返学校，将是一件十分有意义的事情。临床医生和教师逐渐意识到，听力受损可能也会对孩子在教室或活动场所之外的学习生活造成影响。

视力、平衡能力和听力

人在遭受脑震荡后，需要对其视力和平衡能力进行例行评估。那听力需不需要呢？拉贝拉医生是芝加哥北区青年足球联盟的队医，在连续两个橄榄球赛季中，她和我们共同监测了那些被擒抱并摔倒的年轻运动员的神经感觉功能。值得注意的是，在视力、平衡能力和听力方面进行的每项测量，都能独立表征与大脑健康相关的特征[35]，而任何一项测量的评估结果都无法预测另外两项测量的结果。这表明，在脑震荡评估中，值得将这些评估项目联合起来应用。

体育有助于大脑健康

声音鲜少会被当作热议话题，尤其是在国际政治中，但也有例外。比如在 2016 年，当时美国和加拿大的驻古巴外交使团报告说，他们听到了一种持续不断的、声源位置集中的声音。后来经过体检，许多外交官均表现出了典型的脑震荡症状，包括头痛和头晕。《纽约时报》在一篇关于袭击的新闻报道中称这些外交官遭受了“完美攻击性脑震荡”。对于这件事，声音来源仍然是个谜，从有针对性的微波爆炸声到蟋蟀求偶失败的叫声，众说纷纭。但无论声音来源是什么，对这些人的大脑健康状况进行全面评估，都有助于确定他们的损伤是否与脑震荡类似。

基于利用声音评估脑损伤和其他神经系统疾病的历史可知，**通过对听觉大脑的健康状况进行评估，我们可以提高整体评估方法的精确度和应用潜力。**而将听觉测试纳入脑震荡管理的实践标准中，可以帮助改善运动员的健康状况。对于脑震荡会如何影响听觉大脑这一问题，随着我们掌握的知识越来越多，我们将更加深入地了解听觉大脑的复杂性，并最终找到更准确、更全面的答案。

总的来说，体育锻炼对声音加工能产生积极的影响，且有助于大脑的整体健康。而无论参加哪种运动，运动员都需要进行体育训练，就像音乐家需要进行音乐训练一样。我希望教育领域和社会领域对人的身体健康问题予以优先关注。

第 14 章 声音的未来

声音无处不在，甚至在最意想不到之处

声音是一种强大的力量，它塑造着我们的大脑和我们生活的世界。但到目前为止，其实我们只触及声音的冰山一角。

你知道吗？植物也有听觉！众所周知，对着花花草草讲话或唱歌，可以促进它们生长。事实上，科学家也研究了“声音影响植物生长”这种说法的可信度。在一项研究中，研究人员观察到，在超声波的作用下，短叶松的萌芽和幼苗生长都会加速[1]。在另一项研究中，人类能听到的范围内的振动（研究中采用了 50 Hz 的声音）促进了水稻种子和黄瓜种子的萌芽，同时也促进了二者根系的生长[2]。此外，科学家还发现，秋葵、西葫芦、卷心菜、菊花、胡椒和番茄等植物对声音也有反应。

听觉实验室

管道工观察到，植物的根常常延伸到地下的水管中。生物学专家莫妮卡·加利亚诺（Monica Gagliano）对这一现象进行了深入研究，她在叉型花盆里种植豌豆，这样豌豆的根可以向

左侧或向右侧生长。她在一个分叉上播放水声录音，当然，实际上并没有水。结果，由于“水声”的存在，豌豆的根径直地伸向“水声”所在的方向[3]。此外，与脊椎动物的神经元一样，植物也会调谐到对特定的声音频率产生反应，例如水中的玉米根须只向频率为 220 Hz 的声源弯曲，而不会向其他频率的声源弯曲[4]。

其实，利用声音来收集与环境有关的信息，有利于植物的生存，蜂鸣授粉就是一个例子。对某些植物来说，比如茄子、蓝莓和蔓越莓等，只有当蜜蜂以正确的频率（约 200 ～ 400 Hz）嗡嗡作响时，它们才会释放花粉[5]，这样可以避免那些并非为传粉而来的昆虫“错误地”接触到花粉。

生物声学是研究动物与声音环境之间关系的科学，比如研究声音的产生和动物对声音的感知。研究范围从在水下能传播数百千米的鲸鱼叫声到蝙蝠的回声定位，再到鸟类的鸣叫。如今，生物声学仍在不断地发展。

水下声音的能量和分布有助于珊瑚礁的生长。珊瑚礁生长在嘈杂的自然环境之中，那里有各种声音，如海马发出的声音、鱼发出的声音等，它们共同构成了丰富的音景。当珊瑚礁因为极端的热浪和过度捕捞而死亡时，这些声音也会随之减弱。海洋生物会依据声音来判断这片珊瑚礁是否适合居住，如果“居民”少，则意味着声音少，那么对新“来客”来说，这片珊瑚礁的吸引力就会降低。在一项关于声音重要性的研究中，研究人员在一片已经死亡的珊瑚区域建造了几个新的珊瑚礁，并在一些新珊瑚上安装了扬声器，播放健康的珊瑚的声音，而另一些新珊瑚上则没有任何声音。研究人员发现，安装扬声器的珊瑚礁吸引到的鱼类和其他海洋生物的数量，是没有声音的珊瑚礁的 2 倍[6]。

另一个令人意想不到的声音案例，是当我们在飞机上用餐时出现的。你有没有想过，为什么飞机上的食物尝起来有点不对劲？你是否觉得，与平时吃的饭菜味道相比，飞机餐更寡淡？另外，为什么很多乘客会点番茄汁或血腥玛丽酒？是因为空气干燥吗？还是因为气压低？抑或是因为海拔高？事实上，最主要的原因在于声音。喷气式发动机产生的巨大噪声会影响人的味觉，尤其是抑制人对咸味和甜味的味觉[7]，但在很大程度上，人对鲜味（番茄的主要风味）的感知并没有受到影响[8]。我们之所以喜欢番茄汁，可能是因为在几千米的高空中，它是少数几种吃起来“味道对”的食物。而把饮食调味到“恰到好处”的咸淡水平，则无法让我们感到满足。从进化的角度来看，巨大的声响会抑制人的食欲，这一说法是有道理的。不妨想一想，当雪崩来临时，谁还想着吃东西呢？

另外，声音也可以被用作武器，无论是出于好意还是出于恶意。比如，店门外播放古典音乐可能会阻止游手好闲的少年进入。美国军方开发了轻伤害性质的声音武器，如用定向声波“射击”某个个体或团体（例如，用之驱散抗议者）。声波的力量可以使数百米外的人暂时陷入虚弱状态。且定向声波技术可以用来将声音定向地传播到相当远的某个确定位置上，比如当一艘来历不明的船接近军舰时，就可以用定向声波向它发出警告。此外，前文提到的美国和加拿大的驻古巴外交官的类似脑震荡的症状，也可能是由声音武器造成的。

声音让我们心意相通

有些人将大脑比作计算机，对我来说，这种观点毫无说服力。我们对大脑还有很多不解之处，其中就包括听觉大脑，而据我们现有的知识来看，大脑根本不像计算机[9]。在本书中，我使用了大量的修辞手法，比如将听觉大脑比喻成混音器。这种比喻方式自然有其局限性，因为混音器是无生命的，而听觉大脑是鲜活的，它存在于生命世界中。但正如美国二年级的学生会用

“贪吃的鳄鱼”来表示不等式[①]，刚开始学习电路的学生会通过想象水箱和水管来理解肉眼看不见的电子流动。其实，混音器的比喻也有助于更直观地了解听觉大脑背后的真相。不过，尽管有了它的帮助，我们仍然无法完全理解那些只能靠想象描绘出来的神经过程。

声音将我们与世界相连

某一天，我在我居住的埃文斯顿镇一边散步，一边与千里之外的一个儿子打电话。突然，他停了下来，接着大声说道：“埃文斯顿的小鸟！”他听出了家乡的声音——其实我们都可以做到。

对于家乡的声音，我们可以本能地做出反应，比如邻居家的鸟鸣声、树叶的沙沙作响声、远处教堂的钟声、城市公交上空气制动器的呲呲声以及路边的篮球赛的声音。即使是车流的声音，当它们在经过附近房屋和树木的“过滤”传到我家后门廊时，也会呈现出独特的音色。**这些都会让人感受到一种地域感和归属感。**

多年的演讲经验让我认识到，当我感觉自己在直接对着观众演讲时，演讲效果最好，这种情况下，我不用讲稿，不用读稿，也不用讲台。当我准备充分时，我给自己留出了自我发挥的空间，我不需要事先知道我会用什么词，我会临场发挥。对于音乐创作，我也有同样的偏好。最让我感到高兴的是，自己能深入地理解一首曲子的结构，但同时，我也渴望有可以即兴创作的空间，不受乐谱所限。我会跟着音乐走，同时也会留意将它带回主旋律上——带回“家”。

---

① 学生用张着血盆大口的鳄鱼头图标代替 > 或 <，贪吃的鳄鱼会把嘴朝向“数量多”的一边。这种方法可以帮助孩子形象地理解“大于”和“小于”的概念。——译者注

声音也许比其他任何感官都更能使我们心意相通，即使我们相隔万里。有些人认为，音乐起源于母亲对着婴儿唱歌。母亲通过歌声与婴儿建立联系，因此，即使母亲不在婴儿身边，在做其他事，她的存在也能使婴儿感到安慰。从更广泛的意义上说，音乐能促进社会群体形成凝聚力[10]。歌唱是最早的音乐形式，而如今，音乐仍然是一种强大的社会纽带。

对我来说，和声也是一种“语言”。演唱和声时，我们一边聆听自己和他人的歌声，一边利用反馈信息来相应地调整自己的行动。这种互动既能协调声音之间的差异，也能协调婚姻、协调对待他人的分寸以及协调两人之间的情感距离。可以说，和声演唱是一种将人与人联系在一起的声音力量。

声音充满生命力，让我们一起在生活中去创造和体验声音吧！

每个人都有独特的听觉大脑

以人际关系作比，耳朵的作用就像父母一样，无疑至关重要。从声音的角度来说，在我们的一生中，听觉大脑不断地接收声音，然后做出反应，从而决定了我们是谁。听觉大脑承接耳朵传递的声音后，会将其转为语境。

钢琴老师可能会告诉我们，降 B 大调是高于 F 大调的完美四度音阶。如果接着这个话题继续下去的话，钢琴老师可能还会告诉我们，中央 C 下的降 B 调的基频是 233 Hz。或许某个时候，我们偶然知道了单词 malaria（疟疾、瘴气）的词源是 mal aria，即“坏的空气”。但是，这些知识一旦脱离了语境，就毫无意义了。再比如，将音程信息整合到音乐作品中，或将词语信息整合到小说中，才会形成语境。而这正是听觉大脑的工作，它将自己接收的声音融入我们的生活中。

听觉大脑能影响音乐创作。为什么巴赫没有用后来爵士乐常用的不协调音、格律和节奏形式来作曲呢，他也可以支配 12 个音符呀？实际上，和其他人一样，巴赫也是在自己大脑认知的范围内工作的，他的听觉大脑是由他所居住的声音环境塑造而成的。

作为一个群体，双语者、音乐家、阅读障碍者和老年人，其听觉大脑都有自各不同的特征，但理解不同个体的听觉大脑的独特性，才是最有趣的。在《人的音乐性》(*How Musical Is Man?*）一书中[11]，约翰·布莱金（John Blacking）指出："每个人都各持己见，甚至拿自己的学术声誉来打赌，推测莫扎特在他的交响乐、协奏曲或四重奏中的某一小节里到底想表达什么。如果我们真的可以知道莫扎特创作这些曲子时，他的内心在想什么，那就只存在一种解释。"那就是，莫扎特有他自己的思维方式，**我们每个人都有自己独特的听觉大脑。**

现在，想象一个声音，比如前文提到的音节 da。这个简短的音节包括了时值信息、音高信息、调和性，以及调频扫频和特殊的谐波频段。我们可以在微观层面测量大脑对这些声音要素的反应。例如单独来看，大脑的反应可以反映出一个人的时值加工可能存在问题，也可能是因为他更擅长音高加工。此外，生活经历会将大脑塑造成一个整体的听觉大脑，而听觉大脑会将所有信息作为统一的整体进行加工，因此，我们可以在全局语境下理解这些信息。我们可以把这些信息集中到一起，就像填一份调查问卷一样，如：

- 时值：☐提早　☐适当　☒延后
- 基频：☒高　☐适当　☐低
- 反应一致性：☒一致　☐不一致

诸如此类。

如果只分析一种信息，我们可能会了解到一个人的时值加工存在延迟或反应一致性良好。除此之外，我们也可以从整体上来理解这些信息，比如某人存在双语阅读障碍等（见图 14-1）。因此，我们只能从前后文语境中分析声音和听觉大脑对声音的神经电活动反应。

图 14-1 听觉大脑与声音加工方式

听觉大脑会调整我们对声音的加工方式，且在听觉、感觉、行动和思维的基础上，强调或弱化某些声音要素。

听觉大脑是一个具有美感的综合系统。**大脑的听觉系统虽然复杂、精细、功能强大，但无法单独发挥作用。如果不依靠认知系统、感觉系统、运动系统和情感系统提供的语境来给听觉过程赋予意义，那么我们永远也学不到任何与声音有关的知识。**

听到一个声音时，我们会立即产生感觉和视觉线索，并被勾起相关记忆，比如听出来某人说的是意大利口音。我们会在所谓的“知觉绑定”（perceptual binding）中一次性将其整合起来。对于我们感知到的所有信息是如何及在哪里汇聚在一起的，长期以来，科学家和哲学家都一直在努力地寻找答案。我们对声音的认识、我们感知它的方式以及伴随它而来的景象，都影响着我们对声音的理解，并且让我们能更好地理解信息是如何整合在一起的。

我们的听觉个性

我对在生命过程中发生的生物学上的适应非常感兴趣，因为它们会不知不觉地让我们能以自己的方式倾听世界。我几十年前学习了巴赫的钢琴曲《意大利协奏曲》（*Italian Concerto*），最近在重新开始练习这首曲子。一开始，我弹得有些磕磕绊绊，但慢慢地，我弹得越来越熟练。在这个过程中，一段尘封已久的记忆仿佛从我的听觉大脑中被抽取出来，尽管我的意识提供不了帮助，但最终，乐曲自己浮现了出来。

由于有这样的经历，因此我更多地关注到直觉。很多人常常告诫我们，做事要三思而后行，权衡每种情况的利弊，保持理性；**但实际上，如果直觉“告诉”我们一些信息，也许我们应该听一听，因为直觉并不是随意产生的，而是来自我们多年的经验积累。**格尔德·吉仁泽（Gerd Gigerenzer）在他的《直觉思维》（*Gut Feelings*）一书中，谈到了一些如何对抗理性思维的情况[12]。其实，我们无法获得足够的信息来百分之百地确定该投资哪只股票，即使我们可以搜索某家公司过去的表现，研究其财务状况，并对其高层进行评估，但这些都无法提供百分之百获得回报的保证。通常，我们是靠直觉投资了某家公司，而不是另一家公司。对于一个经验丰富的投资者来说，听从自己的直觉做特定的投资，更容易获得回报，因为他可能一直在收集正确投资的相关数据，而这些数据是一种无形资产。所以说，直觉靠不靠谱，关键在于经验。

直觉类似于声音加工策略，听觉大脑已经将其打磨成一种默认状态，时刻准备着对声音做出反应，或根据我们积累的经验弹奏一首已然被遗忘已久的协奏曲。我们对世界的许多感知就像直觉一样，是无形的。不过，通过分析大脑加工声音的内部信号特征，有助于我们了解经历是如何塑造我们对大脑外部声音的理解的。此外，每个人都有属于自己的声学指纹。那么，我们每个人的“混音器”上的调音器是如何调节的？我们能否通过音乐训练或学习外语来磨练听觉大脑？大脑是否会因为接触噪声或被剥夺了语言丰富性而变得迟钝？我们现在可以做出哪些选择，以便让声音改变我们，从而让我们的生活变得更好？

塑造我们对未来听觉世界的选择

对于声音的力量，少有人知。我写本书的目的，就是要把声音的力量展现出来。我们需要从视觉主导和物质主义的视角，转向声音所能提供的内容上来。掌握了这方面的知识，我们就可以认识到声音是我们自己、他人和其他生物的盟友。

我们的身份和价值观都会影响周围的世界。听觉大脑会根据我们的好恶塑造声音世界（见图 14-2），而我们此刻的选择会影响我们后代的声音世界。听觉大脑经过深思熟虑所做的决定，使我们得以知晓该如何安排生活中各事项的轻重缓急。

图 14-2　听觉大脑塑造了我们对未来听觉世界的选择

接下来，我想分享一些我为自己和家人所做的深思熟虑的乐声之选；同时，也留给读者一些思考空间：如何用听觉大脑来指导生活？

- 当我的儿子还小的时候，我给他们定了 3 条规矩：必须认真对待学业、必须让我知道他们当下在哪里、必须练习乐器。只要做完这 3 件事，他们就可以放飞自我，随心所欲。今天，虽然他们都不是职业的音乐家，但他们非常熟悉音乐语言，他们可以自己做音乐，也可以和他人一起合作。我很珍视我们在一起做音乐的时光。
- 在世界上大部分地区，英语已成为一种通用语言。而听觉大脑是由我们所说的语言进化而来的。那么，说同一种语言，能帮助我们更好地了解彼此吗？掌握一种以上语言的声音，是如何让我们对彼此产生好感的呢？
- 当我们看不清路标时，我们会知道是时候检查一下视力了。相对而言，听力损失则微妙得多，因为人们会很容易把听不清怪到声音头上。我们绝不会想到要指责交通部门所制作的路标把字母写得太模糊，但当我们听不清他人讲话时，我们可能会指责对方说话含糊不清。随着年龄的增长，当我们发现“别人说话开始变得含糊不清”时，可以选择佩戴助听器，它可以帮助我们重新找回听力清晰的听觉大脑。
- 低保真的音乐体验会对听觉大脑产生哪些影响呢？目前，大多数人都会用智能手机扬声器播放被压缩了的音乐文件。一位音乐老师曾告诉我，他的许多学生无法区分用高保真音响播放音乐和用智能手机播放音乐的差别。如果大脑已经适应了压缩音乐，那么它还能学会聆听更丰富的音乐吗？我们是否不愿再听现场音乐，不愿再用高质量的扬声器听音乐，以及不愿再建造可以使各种声音要素得以保真的建筑空间了？我们会失去这些声音要素吗？我们会制作出缺乏吸引力的音乐吗？琳达·伦斯塔特（Linda Ronstadt）、布赖恩·伊诺（Brian Eno）、凯特·布什（Kate Bush）以及后期的披头士乐队等音乐家或音乐团体，都会选择在较小的场地或录音棚里表演，这样他们就可以尽可能完美地演奏出自己最珍视的音乐，而免于被体育场房梁上反弹的巨大回声所干扰。其实，他们是在倾听自己的听觉大脑。

- 如果我们忽视噪声的危害，那会对环境造成哪些影响呢？重视旷野中自然之声的人希望保留听到音景的权利，而不关心声音的人则可能会把这片旷野视为一个赚钱的机会吆喝着："可以乘坐直升机观光这片原野，半小时只需要 75 美元。"
- 一些学生告诉我，他们喜欢在咖啡馆或者在有电视的背景音的情境中学习。他们声称，刻意练习忽略声音可以帮助他们集中注意力。而我知道，他们往往是在嘈杂环境中长大的，从很小的时候起，他们的听觉大脑就被训练成期待用噪声来提高效率了。如果我们的大脑默认网络将声音视为可以被忽略的东西，那么听觉大脑会发生什么变化呢？
- 音乐原本的目的是建立情感联结，但它已成为大多数公共场所中普遍存在的背景元素了。如果有人因此越来越讨厌音乐，那该怎么办？
- 噪声会给人带来压力，而压力又会带来噪声。比如，你一旦感到些许压力，很可能会在房间里跺脚，而这样就提高了房间的噪声水平，继而你的室友也许会因此相应地调高电视音量，电视声音太大会让你更烦躁，你跺脚的声音可能会更大。有人曾研究过这种由噪声引起的正反馈回路，结果发现，暴露在噪声中会让人变得更具攻击性，在电击实验中，这样的人更可能攻击其他被试[13]。试想下，对刚才冲你按喇叭的人，你有什么感觉？
- 听觉大脑会受到脑震荡的损害。运动员和其他人一样，也是通过理解声音来达成目标的。如果一名运动员能意识到，在他的听觉大脑表现不佳时，他的运动能力也无法达到最佳状态，那么他对重返赛场似乎就不再感到过于紧迫了。
- 作为听觉大脑的推崇者，我们能做些什么来影响城市规划呢？我们如何确保建筑能为我们提供最佳的听觉环境，以便让我们能更好地聆听、思考、学习和交流呢？考虑到人类建造的世界对生态环境的影响时，如住房、商业、交通等，我们通常会谈论的是可持续性、环境敏感性和视觉美学。那么我们愿意为打造一个更安静的居住环境，例如让空调、供暖系统和地铁的噪声减少而支付更多的钱吗？那如果是为了拥有更好的听觉美学享受呢，你也愿意吗？

- 短信和电子邮件正在迅速地取代电话。伴随着这种变化，信息虽然得以传递，但其语境会受到影响。大多数人都有过这样的经历：把他人的讽刺误认为是愤怒，或者把他人的随意要求误认为是紧急需求，因为在短信息中添加表情符号的效果是有限的。随着电话语音交流的减少，我们是否逐渐丧失了对"语气"的敏感性呢？
- 当我们给某一家公司打电话时，我们通常必须通过一系列程序化的语音菜单，才能找到正确的部门。当我们越来越多地接触到这些毫无差别的机械语音时，在捕捉声音传达的细微差别上，我们的听觉大脑是否会变得迟钝呢？
- 也许，听觉大脑可以帮我们解答几个世纪以来困扰诸多生物学家和哲学家的几个重要问题：意识是什么？"自我"的本质是什么？我们和世界有什么联系？灵魂的本质是什么？记忆的本质是什么？大脑、身体和心灵的共通之处又是什么？

从生物学角度来说，行为决定了我们是谁，思维和生活方式决定了我们是谁，情感和爱好同样决定了我们是谁。

在本书中，我分享了我多年来对听觉生物学的思考所产生的科学直觉。虽然科学无法回答所有的问题，但我们有充分的证据足以使人相信，**声音是一种可以塑造我们思想的力量**。在音乐训练、外语学习和体育运动中，我们了解到了声音的力量。此外，声音在人类和动植物的医学史中也占据了一席之地。

我们可以努力地维持环境的安静，让家的声音以及我们所爱的轻声细语得以留存，以避免我们的起居之处产生过多的噪声。我们可以在建造新的建筑时把声音纳入考虑范围之内，我们可以尝试与家人和朋友一起制作音乐、演奏音乐。此外，我们还可以怀着敬畏之心欣赏声音之美。

致谢

首先要感谢的是特伦特·尼科尔（Trent Nicol），如果没有他，就没有这本书。在我写书的每个阶段，他都一直陪着我。在过去的30年里，他也一直是脑伏特实验室的合作伙伴。当我的想法在我的脑海中尚未成形时，特伦特就能将其表达出来，而且他能比我自己更清楚地表达我的意图。当我读到他的文字时，常常会想：这就是我想说的。另外，特伦特聪明、风趣，对脑伏特实验室贡献良多，兼顾方方面面。他也事无巨细地参与到本书的写作中来，编制了参考资料，绘制了许多图片，并且补充了很多细节。此外，作为一名老式收音机的修复大师，他为我的收音机赋予了非同寻常的悦耳声音。

当我开始写本书的时候，我不知道自己需要一位图书代理人，我甚至不知道图书代理是做什么的。安妮·埃德尔斯坦（Anne Edelstein）为我动笔书写打下了基础，我亲切地称她为安妮。安妮耐心地、积极地引导我，教我写作。她在发给我的第一封邮件中写道："我只是想告诉你，我对你的提案和章节内容很感兴趣。我正在去缅因州的路上，一路上我都在车里把这些内容大声地朗读给我丈夫听。"这封邮件让我觉得自己走在了正确的道路上。我之前从未接触过内容编辑，幸好，通过安妮深思熟虑的视角、对叙事的重组以及对文字的巧妙运用，我亲身体验了这一过程。当与书有关的问题铺天盖地地涌现出来时，安妮对我说："交给我，我会处理的。"对此，我满怀感激，感到终于松了一口气。

书中大部分插图都是凯蒂·谢利（Katie Shelly）构思和绘制的。她能赋予艺术作品以优美和绝佳的想象，而且，她的反应能力也极佳。另外，她灵动且有耐心，并且对我提出的许多建议和批评能够海涵，这让我们的合作变得轻松愉快。在很多情况下，凯蒂能将我杂乱无章的需求汇集成富有想象力、创造性和可执行性的想法，最终她做出的那些设计远远超出了我的预期。

汉娜·盖尔－诺伊费尔德（Hannah Geil-Neufeld）逐字逐句地通读了本书的初稿。作为我的目标读者的代表，她是一位思路缜密且充满好奇心的读者，她指出了哪些内容可能让人难以理解，哪些内容过于深奥或需要读者有丰富的科学知识背景才能读懂。她的建议指导了我的思考与写作。我十分感激她，她是一位美丽的作家，和她一起工作令我充满乐趣。

非常感谢我的编辑罗伯特·普赖尔（Robert Prior）的信任及邀请，因为有了他的帮助，本书才得以在麻省理工学院出版社（MIT Press）出版。他对本书的章节标题提出了有深度的建议，并在一开始就帮助确定了本书的基调。

感谢制作编辑朱迪思·费尔德曼（Judith Feldmann）、艺术总监肖恩·莱利（Sean Reilly）、助理策划编辑安妮－玛丽·博诺（Anne-Marie Bono）和公关安吉拉·巴格塔（Angela Baggetta），以及麻省理工学院出版社的匿名审稿人。

感谢所有对本书的初稿给予评价或建议的人，包括丹·罗克（Dan Rocker）、珍妮弗·克里兹曼、特拉维斯·怀特·施沃奇（Travis White-Schwoch）、西尔维娅·波纳西娜（Silvia Bonacina）、伦勃朗·奥托－迈耶

(Rembrandt Otto-Meyer)、格雷厄姆·斯特劳斯(Graham Straus)、柯特·马修斯(Curt Matthews)、琳达·马修斯(Linda Matthews)及塞尔瓦托·斯皮纳。

在写本书的时候，我需要一个生物学方面的专家及时帮我纠错。谢天谢地，我可以求助于卡西亚·比什恰德(Kasia Bieszczad)。卡西亚是一名神经学家，采用微观方法在细胞水平上研究听觉学习，此外她也是一名教育家，重视复杂思想的教授方法，以便让任何有兴趣的人都能理解它们。感谢她为我提供了非常宝贵的反馈意见。

感谢过去和现在的许多科研合作者和我的导师，因为有了他们的帮助，我们的研究才能顺利进行，包括雷蒙德·卡哈特(Raymond Carhart)以及彼得·达洛斯(Peter Dallos)、约翰·迪斯特霍夫特(John Disterhoft)、拉斯洛·斯坦(Laszlo Stein)、厄尔琳·埃尔金斯(Earleen Elkins)和埃德·鲁贝尔(Ed Rubel)。

感谢脑伏特实验室的往届博士生，包括阿努·夏尔马(Anu Sharma)、辛西娅·金(Cynthia King)、凯莉·特伦布莱、珍娜·坎宁安、布拉德·威布尔、吉尔·菲尔斯特(Jill Firszt)、埃琳·海耶斯(Erin Hayes)、加布丽埃拉·穆萨基亚(Gabriella Musacchia)、克丽丝塔·约翰逊(Krista Johnson)、丹·艾布拉姆斯、妮可·鲁索、王玉(Jade Wang，音译)、宋朱迪(Judy Song，音译)、李凯雍(Kyung Myun Lee，音译)、简·霍尼克尔(Jane Hornickel)、萨米拉·安德森(Samira Anderson)、埃里卡·斯科伊、达纳·斯特雷特、陈凯伦(Karen Chan)、亚历山德拉·帕伯里-克拉克(Alexandra Parbery-Clark)、珍妮弗·克里兹曼、杰西卡·斯莱特(Jessica Slater)和伊莱恩·C. 汤普森(Elaine C. Thompson)。

感谢脑伏特实验室的一众博士后，包括艾伦·米科(Alan Micco)、托马斯·利特曼(Thomas Littman)、阿努·夏尔马、伊丽莎白·丁塞斯(Elizabeth

Dinces）、安·布拉德洛（Ann Bradlow）、艾薇·邓恩（Ivy Dunn）、凯瑟琳·沃里尔（Catherine Warrier）、劳里·奥利维尔（Lauri Olivier）、凯伦·巴奈（Karen Banai）、弗雷德里克·马梅尔（Frederic Marmel）、巴拉特·钱德拉塞卡兰（Bharath Chandrasekaran）、南昀（Yun Nan，音译）、贾森·汤普森（Jason Thompson）、埃里卡·斯科伊、达纳·斯特雷特、亚当·蒂尔尼、阿伦·菲茨罗伊（Ahren Fitzroy）和斯潘塞·史密斯（Spencer Smith）。

感谢几十名本科生、高中生和临床医学生，以及鲍勃·康韦（Bob Conway）对实验室工作空间的创造性设计。感谢我的同事特蕾丝·麦吉，她发起了利用皮层下神经同步活动来研究人类语音处理的首次讨论，如果没有她，谁知道在过去的 25 年里我能做什么呢。我还要感谢基金会的创始人吉姆·珀金斯（Jim Perkins），他为我们建立了一个美好的大家庭。

对于目前的研究，我要再次感谢珍妮弗·克里兹曼，她主持了几项正在进行的项目；还有博学多才的特拉维斯·怀特－施沃奇；节律方面的专家西尔维娅·博纳西纳的意大利口音总让我想起我的母亲，仿佛把我带回了家；还有伦勃朗·奥托－迈耶，他在新型冠状病毒感染疫情流行期间仍在继续收集数据。珍妮弗创建了脑伏特实验室的网站，整理了我们的研究成果，而伦勃朗负责更新网站。脑伏特实验室的同事是我一生的伙伴，我们建立了长久的联系，也常常在会议上看到彼此，然后相视一笑。

脑伏特实验室之所以能开展科学研究，很大程度上有赖于教育、音乐、生物、体育、医学和工业等领域的合作伙伴，他们推动着我们的研究成果得以在现实世界中应用。在此，特别感谢玛格丽特·马丁（Margaret Martin）、凯特·约翰斯顿、托里·林德利、辛西娅·拉贝拉、丹尼尔·科尔格罗夫（Daniele Colegrove）、杰夫·马亚内斯（Jeff Mjaanes）、安·布拉德洛、汤姆·卡雷尔（Tom Carrell）和史蒂夫·泽克（Steve Zecker）。

在如何让艺术为科学服务方面，蕾妮·弗莱明（Renée Fleming）、米基·哈特（Mickey Hart）和扎基尔·侯赛因（Zakir Hussain）是我学习的榜样。还要感谢阿诺德·斯塔尔为本书提供的绘画作品。

此外，脑伏特实验室还受到美国国家科学基金会和包括儿童健康和人类发展研究所、心理健康研究所、神经疾病和脑卒中研究所、听障和交流障碍研究所，以及老龄化研究所在内的许多美国国家级健康研究所的持续资助。也要感谢美国听力研究基金会、凯德皇室基金（The Cade Royalty Fund）、达纳基金会（The Dana Foundation）、G. 哈罗德和蕾拉·Y. 马瑟斯基金会[①]、亨特家族基金会（The Hunter Family Foundation）、蕾切尔·E. 戈尔登基金会（The Rachel E. Golden Foundation）、斯潘塞基金会（The Spencer Foundation）、美国国家录音艺术与科学学院、全美音乐商会和全美运动器材标准运营委员会的支持。我们还有幸获得了美迪医疗电子仪器公司（Med-EL）、互动节拍器公司（Interactive Metronome）和峰力听力集团（Phonak）的商业赞助以及诺尔斯听力中心（Knowles Hearing Center）和西北大学的场地支持。

最要感谢的是我的家人。从我小时候起，我的父母就开始培养我健全的听觉大脑。尼克·弗里德曼（Nick Friedman）、利娅·坎贝尔（Leah Campbell）、汉娜·盖尔-诺伊菲尔德、格兰特·道森（Grant Dawson）、苏茜·理查德（Susie Richard）、卢西奥·萨多赫（Lucio Sadoch）和林恩·麦克纳特（Lynn McNutt），在我总是喋喋不休地谈论研究项目时，他们总是热情专注地倾听，并一如既往地给我提供实质性的意见，为我加油助威。感谢脑伏特实验室的守护天使——我最好的朋友比克·维尔茨（Bic Wirtz）。还有我的孩子：尼克、麦奇和拉塞尔，以及我的丈夫马歇尔·道森（Marshall Dawson），我要把这本书献给他们。

---

① G. Harold & Leila Y. Mathers Foundation.

尼克是位厨师，他每天都能提醒我感觉与心灵是密切相关的。尼克能制作营养丰富的美味佳肴，凭借对食物、风味、配料和厨房化学知识的了解，让每样东西都美味可口、回味无穷。我们都称他为“我们的美食贝多芬”。

麦奇让我明白了家庭观念的价值，也让我有了归属感和集体意识。他提倡使用木材来建造生活场所，从而加强团体成员彼此之间的联系。他让我思考声音是如何融入这些情境之中的。麦奇一直在按自己的价值观生活，他是我认识的最坚持自我的人。

尼克和麦奇共同创造了一个让人有归属感的工作场所，给脑伏特实验室带来了持续不断的灵感，因为科学研究的最佳状态就是协作、整合和累积。

拉塞尔则做事一丝不苟，且心胸开阔，他的身上体现出了艺术与科学的共通之处。作为艺术家、学者和音乐家，拉塞尔会将自己天才般的想法与他人分享。在学业上，拉塞尔从小就严于律己。他这么做是出于他对学习本身的热爱，因为他能从中获得满足感，而这种热爱，是我所能想到的，对艺术和科学而言最重要的基础所在。

最后，感谢我丈夫马歇尔，正是有他在身边，才使得我的听觉大脑获益良多。他能从演员的声音中识别出其配过音的卡通人物；作为一位能视奏、模仿和即兴演奏的音乐家，他从方方面面向我展示了听觉大脑的超凡能力。他以教学和表演的形式为音乐世界增添色彩。在写本书的过程中，马歇尔一直在鞭策我，并对我坦诚直言，而且还能找到有趣的晚餐来与我共同探讨话题，对以上总总，我满怀感激之情和幸福之感。

传入（afferent）： 趋向某个节点（如大脑）的运动。在听觉系统中，传入是指从耳蜗经过中脑和丘脑传到听觉皮层的过程。

幅度调制（amplitude modulation，AM）： 简称调幅，一种声音强度的波动，如“强—弱—强—弱”，就像许多警笛声那样。当声带交替着打开和关闭时，会产生振动，继而调节声音的幅度。调幅频率是语音的基本频率，决定了声音的音高。通常，男性音高较低，女性音高较高。

绑定问题（binding problem）： 来自多个感觉系统的输入如何组合和协调，以便形成统一的对象。

传出（efferent）： 离开某个节点（如大脑）的运动。在听觉系统中，传出是指从大脑皮层到丘脑、从中脑到耳蜗的神经信号的传递等。

频率（frequency）： 在固定的时间单位内对某事物进行的计数。声音的频率以每秒产生的振动周期数来衡量，单位为赫兹（Hz）。频率决定了声音的音高。

频率跟随反应（frequency following response，FFR）：一种神经电生理反应。可以表示大脑是如何加工多种声音要素的，如音高、时值、音色等。

调频扫频（frequency modulated sweep，FM sweep）：调频声音的频率随时间而变化。如钢琴的滑音或防空警报中连续变化的音符。扫频是语音的重要组成部分，尤其是在辅音中，集中的声波能量从低频率扫到高频率，或从高频率扫到低频率。

基本频率（fundamental frequency）：简称基频，指和声谐波的最低频率，感知音高就是通过基频来实现的。

毛细胞（hair cell）：亦称听毛细胞，位于内耳。毛细胞会随着空气运动（如声音）而流动的液体轻轻地摇摆，摇摆的毛细胞会触发电信号的产生，从而完成声音到电信号的转导。

谐波/泛音（harmonics）：声音的谐波频率表示基频整数倍的一系列频率成分。例如，基频为150Hz的声音会有300Hz、450Hz、600Hz等频率的谐波。

听觉过敏（hyperacusis）：对声音过度敏感。有这种特点的人，会认为低强度或中强度的声音是令人不舒服的巨大声响。

抑制（inhibition）：将神经元的放电活动压制在其自发放电水平以下的过程。例如，在听觉系统中，为了强化精确调谐的神经元放电，那些调谐在传入声音邻近频率上的神经元会减少放电活动。

边缘系统（limbic system）：使情绪、动机和诸如喜爱等情感得以存在的大脑网络。

中脑（midbrain）：位于脑干和大脑皮层之间的脑区。在听觉系统中，中脑是感觉系统、运动系统、认知系统和奖赏系统交汇路口的枢纽，是进入听觉大脑的关键窗口。

失匹配负波（mismatch negativity，MMN）：一种神经电生理反应，表示大脑对持续声音中突发变化的反应。例如一条蛇从微风吹拂下沙沙作响的草丛中突然窜出而带来的响动。

恐音症（misophonia）：一个人对咀嚼声或滴答声等声音过分焦躁不安的状态。

神经可塑性（neural plasticity）：大脑神经元因学习而改变其放电方式的能力。例如，在小提琴手的大脑皮层上，与左手手指相对应的躯体感觉区和运动区的面积要比其他人大。

神经同步（neural synchrony）：一群神经元在某些时刻一起放电。

神经教育学（neuroeducation）：亦称教育神经科学。一种以科学为基础的教学方法，旨在让孩子获得最好的学业成绩。

神经生理学（neurophysiology）：研究神经系统功能的学科。

耳声发射（otoacoustic emission）：从耳朵向外发出的声音，可用于评估外毛细胞的功能及其传出控制效果。

锁相（phaselocking）：神经元对重复、循环的听觉信号（如正弦波或冲击波）的重复放电现象。

音素（phoneme）： 最小的发声单位。音素与字母并不是一一对应的。例如，英语中有 44 个音素，其中音素 /f/ 在单词 fact、phone、half 和 laugh 中分别对应不同字母或字母组合。

音高（pitch）： 亦称音调，表示声音频率的高低。一般来说，高频率的声音听起来音调高，低频率的声音听起来音调低。

网状激活系统（reticular activating system）： 与觉醒程度和注意功能相关的大脑中枢。

频谱形状（spectral shape）： 声音谐波能量的频率分布模式，表示音色感知。语音的频谱形状决定了是哪种辅音或元音；在音乐中，频谱形状决定了演奏旋律的是哪种乐器。

频谱（spectrum）： 将构成声音或大脑信号的频率成分进行可视化。而声谱图（spectrogram）则反映了频率随时间的变化。

音色（timbre）： 由频谱形状确定的声音质量。比如，用双簧管和长号演奏同一个音符，会有不同的音色。尽管我们很少谈及语音的音色，但用于区分乐器的相同原则也适用于区分语音，如“啊”和“喔”。

音调定位拓扑图（tonotopy）： 听觉通路上的一种结构，倾向于根据首选的反应频率按一定的拓扑结构排列。

转导（transduce）： 将某种状态转换成另一种状态的过程，如耳蜗将声音的气压波动转换为电信号的过程。

工作记忆（working memory）：一种可以进行提取和操纵的临时记忆存储形式。举例来说，声象记忆和工作记忆的区别在于，前者是机械地复述5个听到的单词，而后者则是按字母顺序复述这些单词。

OF
SOUND
MIND

参考文献

考虑到环保的因素，也为了节省纸张、降低图书定价，本书编辑制作了电子版的参考文献。请扫描下方二维码，直达图书详情页，点击“阅读资料包”获取。

未来，属于终身学习者

我们正在亲历前所未有的变革——互联网改变了信息传递的方式，指数级技术快速发展并颠覆商业世界，人工智能正在侵占越来越多的人类领地。

面对这些变化，我们需要问自己：未来需要什么样的人才？

答案是，成为终身学习者。终身学习意味着永不停歇地追求全面的知识结构、强大的逻辑思考能力和敏锐的感知力。这是一种能够在不断变化中随时重建、更新认知体系的能力。阅读，无疑是帮助我们提高这种能力的最佳途径。

在充满不确定性的时代，答案并不总是简单地出现在书本之中。“读万卷书”不仅要亲自阅读、广泛阅读，也需要我们深入探索好书的内部世界，让知识不再局限于书本之中。

湛庐阅读 App：与最聪明的人共同进化

我们现在推出全新的湛庐阅读 App，它将成为您在书本之外，践行终身学习的场所。

- 不用考虑“读什么”。这里汇集了湛庐所有纸质书、电子书、有声书和各种阅读服务。
- 可以学习“怎么读”。我们提供包括课程、精读班和讲书在内的全方位阅读解决方案。
- 谁来领读？您能最先了解到作者、译者、专家等大咖的前沿洞见，他们是高质量思想的源泉。
- 与谁共读？您将加入优秀的读者和终身学习者的行列，他们对阅读和学习具有持久的热情和源源不断的动力。

在湛庐阅读App首页，编辑为您精选了经典书目和优质音视频内容，每天早、中、晚更新，满足您不间断的阅读需求。

【特别专题】【主题书单】【人物特写】等原创专栏，提供专业、深度的解读和选书参考，回应社会议题，是您了解湛庐近千位重要作者思想的独家渠道。

在每本图书的详情页，您将通过深度导读栏目【专家视点】【深度访谈】和【书评】读懂、读透一本好书。

通过这个不设限的学习平台，您在任何时间、任何地点都能获得有价值的思想，并通过阅读实现终身学习。我们邀您共建一个与最聪明的人共同进化的社区，使其成为先进思想交汇的聚集地，这正是我们的使命和价值所在。

浙江省版权局图字：11-2024-309

图书在版编目（CIP）数据

声音改造大脑 / (美) 尼娜·克劳斯著 ; 耿馨佚译 . 杭州 : 浙江科学技术出版社 , 2024. 10. -- ISBN 978-7-5739-1451-4

Ⅰ . O42；Q954.5

中国国家版本馆 CIP 数据核字第 2024X3Y276 号

书　　名　声音改造大脑
著　　者　[美] 尼娜·克劳斯
译　　者　耿馨佚

出版发行　浙江科学技术出版社
地址：杭州市环城北路 177 号　邮政编码：310006
办公室电话：0571－85176593
销售部电话：0571－85062597
E-mail:zkpress@zkpress.com
印　　刷　天津中印联印务有限公司

开　　本	710mm×965mm　1/16	印　　张	18
字　　数	285 千字	插　　页	1
版　　次	2024 年 10 月第 1 版	印　　次	2024 年 10 月第 1 次印刷
书　　号	ISBN 978-7-5739-1451-4	定　　价	99.90 元

责任编辑　陈　岚　　　责任美编　金　晖
责任校对　张　宁　　　责任印务　吕　琰